電子商務概論
實驗教程

劉雪豔、羅文龍、付德強 編著

經管類專業虛擬仿真實驗系列教材
編委會

主　任：林金朝

副主任：萬曉榆　盧安文　張　鵬　胡學剛　劉　進

委　員（以姓氏筆畫為序）：

　　　　龍　偉　付德強　呂小宇　任志霞　劉雪豔
　　　　劉麗玲　杜茂康　李　豔　何建洪　何鄭濤
　　　　張　洪　陳奇志　陳家佳　武建軍　羅文龍
　　　　周玉敏　周　青　胡大權　胡　曉　姜　林
　　　　袁　野　黃蜀江　樊自甫　蹇　潔

總　序

　　實踐教學是高校實現人才培養目標的重要環節,對形成學生的專業素養,養成學生的創新習慣,提高學生的綜合素質具有不可替代的重要作用。加強和改進實踐教學環節是促進高等教育方式改革的內在要求,是培養適應社會經濟發展需要的創新創業人才的重要舉措,是提高本科教育教學質量的突破口。

　　資訊通訊技術(ICT)的融合和發展推動了知識社會以科學2.0、技術2.0和管理2.0三者相互作用為創新引擎的創新新業態(創新2.0)。創新2.0以個性創新、開放創新、大眾創新、協同創新為特徵,不斷深刻地影響和改變著社會形態以及人們的生活方式、學習模式、工作方法和組織形式。隨著國家創新驅動發展戰略的深入實施,高等學校的人才培養模式必須與之相適應,應主動將「創新創業教育」融入人才培養的全過程,應主動面向「互聯網+」不斷豐富專業建設內涵、優化專業培養方案。

　　「雙創教育」為經濟管理類專業建設帶來了新的機遇與挑戰。經濟管理類專業建設一方面應使本專業培養的人才掌握系統的專門知識,具有良好的創新創業素質,具備較強的實際應用能力。另一方面,經濟管理類專業建設還應主動服務於以「創新創業教育」為主要內容的相關專業的建設和發展。為了更好地做好包括師資建設、課程建設、資源建設、實驗條件建設等內容的教學體系建設,教學內容、資源、方式、手段的資訊化為經濟管理類專業建設提供了有力的支撐。《國家中長期教育改革和發展規劃綱要(2010—2020年)》提出:「資訊技術對教育發展具有革命性的影響,必須予以高度重視。」《教育信息化十年發展規劃(2011—2020)》提出:推動信息技術和高等教育深度融合,建設優質數位化資源和共享環境,在2011—2020年建設1,500套虛擬仿真實訓實驗系統。經濟管理類專業的應用性和實踐性很強,其實踐教學具有系統性、綜合性、開放性、情景性、體驗性、自主性、創新性等特徵,實踐教學平臺、資源、方式的信息化和虛擬化有利於促進實踐教學模式改革,有利於提升實踐教學在專業教育中的效能。但是,與理工類專業相比,經濟管理類專業實踐教學體系的信息化和虛擬化起步較晚,全國高校已建的300個國家級虛擬仿真實驗教學中心主要集中在理工醫類專業。因此,為了實現傳統的驗證式、演示式實踐教學向體驗式、互動式的實踐教學轉變,將虛擬仿真技術運用於經濟管理類專業的實踐教學顯得十分必要。

　　重慶郵電大學經濟管理類專業實驗中心在長期的實踐教學過程中,依託學校的資訊通訊技術學科優勢,不斷提高信息化水平,積極探索經濟管理類專業實踐教學的建設與改革,形成了「兩維度、三層次」的實踐教學體系。在通識經濟管理類人才培養的基礎上,將信息技術與經濟管理知識兩個維度有效融合,按照管理基礎能

力、行業應用能力、綜合創新能力三個層次,主要面向信息通信行業,培養具有較強信息技術能力的經濟管理類高級人才。該中心2011年被評為「重慶市高等學校實驗教學示範中心」,2012年建成了重慶市高校第一個雲端教學實驗平臺——「商務智能與信息服務實驗室」。2013年以來,該中心積極配合學校按照教育部及重慶市建設國家級虛擬仿真實驗教學中心的相關規劃,加強虛擬仿真環境建設,自主開發了「電信營運商組織行銷決策系統」「電信boss經營分析系統」「企業信息分析與業務外包系統」三套大型虛擬仿真系統,同時購置了「企業經營管理綜合仿真系統」「商務智能系統」以及財會、金融、物流、人力資源、網路行銷等專業的模擬仿真教學軟件,搭建了功能完善的經濟管理類專業虛擬化實踐教學平臺。

　　為了更好地發揮我校已建成的經濟管理類專業虛擬實踐教學平臺在「創新創業教育」改革中的作用,在實踐教學環節讓學生在全仿真的企業環境中感受企業的生產營運過程,縮小課堂教學與實際應用的差距,需要一套系統規範的實驗教材與之配套。因此,我們組織長期工作在教學一線、具有豐富實踐教學經驗和企業經歷的教學和管理團隊精心編寫了系列化實驗教材,並在此基礎上進一步開發虛擬化仿真實踐教學資源,以期形成完整的基於教育教學信息化的經濟管理類專業的實踐教學體系,使該體系在全面提升經濟管理類專業學生的信息處理能力、決策支持能力和協同創新能力方面發揮更大的作用,同時更好地支持學校正實施的「以知識、能力、素質三位一體為人才培養目標,以創新創業教育改革為施力點,以全面教育教學信息化為支撐」的本科教學模式改革。各位參編人員廣泛調研、認真研討、嚴謹治學、勤勤懇懇,為該系列實驗教材的出版付出了辛勤的努力,西南財經大學出版社為本系列實驗教材的出版給予了鼎力支持,本系列實驗教材的編寫和出版獲得了重慶市高校教學改革重點項目「面向通訊行業的創新創業模擬實驗區建設研究與實踐(編號132004)」的資助,在此一併致謝!但是,由於本系列實驗教材的編寫和出版是對虛擬化經濟管理類專業實踐教學模式的探索,經濟管理類專業的實踐教學內涵本身還在不斷地豐富和發展,加之出版時間倉促,編寫團隊的認知和水平有限,本系列實驗教材難免存在一些不足,懇請同行和讀者批評指正!

林金朝

二零一六年八月

前 言

在電子商務的教學過程中,電子商務概論不僅是一門極其重要的專業基礎課程,也是電子商務專業其他課程的導入課程。電子商務是一般應用性非常強的課題,其實驗課程是學生理解電子商務理論、學習電子商務應用與技能的重要途徑,其教學則是理論課程教學的昇華,是電子商務教學中的重要環節。

《電子商務概論實驗教程》針對大學本科電子商務專業學生,緊密結合大學電子商務概論理論課程,採用深圳因納特電子商務仿真平臺,運用因納特電子商務營運實訓軟件對大學生進行實驗訓練,讓學生進行實際操作,瞭解電子商務知識的商業化應用過程,進一步認識、理解所學的相關知識,開拓思路,擴大知識領域。

本書主要針對本科院校電子商務專業和非電子商務專業學生,也可以作為高職高專院校相關專業學習的參考書。建議本實驗教程學時為24個學時,主要內容包括五個實驗:

(1) 營運策劃實驗。
(2) 官方網站建設實驗。
(3) 網上商城建設實驗。
(4) B2C 平臺實驗。
(5) B2B 平臺實驗。

本書由劉雪豔主筆並負責全書統稿。其他參編人員各章具體分工如下:第1~2章,劉雪豔;第3章,羅文龍;第4~7章,付德強、黃德玲。本書是重慶市高等教育學會高等教育科學研究課題「雙師型電子商務專業教學實踐研究」(項目編號:CQGJ15229C)、重慶郵電大學經濟管理學院教育教學改革項目「《電子商務案例分析》的雙師型教學改革研究及實踐」(項目編號:JGXYJG201501)、重慶郵電大學經濟管理學院教育教學改革項目「《物流信息系統分析與設計》課程教學改革研究」(項目編號:JGXYJG201507)、重慶郵電大學教育教學改革項目「互聯網經濟下我校物流管理專業特色與學生素質建設探索」(項目編號:XJG1508)的研究成果。

在本書的寫作過程中,我們參考了國內外許多學者專家的研究成果,同時受到了重慶郵電大學經濟管理學院實驗室各位同事的大力支持和幫助,在此表示衷心的感謝!書中還存在不少有待進一步完善的地方,歡迎各界專家批評指正。

劉雪豔

2016年4月於重慶

目　錄

1　緒論　/ 1
　　1.1　電子商務實驗教學體系介紹　/ 1
　　1.2　電子商務概論實驗教學　/ 3
　　1.3　本書的主要內容　/ 4

2　實驗軟件及環境介紹　/ 5
　　2.1　實驗架構整體介紹　/ 5
　　2.2　軟件安裝環境　/ 8
　　2.3　管理員操作　/ 8
　　2.4　老師操作　/ 17
　　2.5　學生操作　/ 22

3　營運策劃實驗　/ 26
　　3.1　實驗基本信息　/ 26
　　3.2　老師準備步驟　/ 26
　　3.3　學生實驗步驟　/ 29
　　3.4　討論與思考　/ 54

4　官方網站建設實驗　/ 57
　　4.1　實驗基本信息　/ 57
　　4.2　老師準備　/ 57
　　4.3　學生實驗步驟　/ 59
　　4.4　討論與思考　/ 76

5　網上商城建設實驗　/ 77
　　5.1　實驗基本情況　/ 77
　　5.2　老師準備　/ 77
　　5.3　學生實驗步驟　/ 82

  5.4 討論與思考 / 92

6 B2C 平臺實驗 / 93
  6.1 實驗基本情況 / 93
  6.2 老師準備 / 93
  6.3 學生實驗步驟 / 94
  6.4 討論與思考 / 114

7 B2B 平臺實驗 / 115
  7.1 實驗基本情況 / 115
  7.2 老師準備 / 115
  7.3 學生實驗步驟 / 116
  7.4 討論與思考 / 122

參考文獻 / 123

1 緒論

1.1 電子商務實驗教學體系介紹

隨著信息技術的飛速發展，電子商務給社會的各個方面帶來了根本性的變革，並改變了人類生活的方方面面。在電子商務迅猛發展的大潮推動下，該領域對電子商務專業人才的需求巨大，為此，各個高校紛紛開設電子商務專業，以滿足市場需求。

電子商務是一門實踐性很強的學科，組織好電子商務實驗教學對於幫助學生掌握電子商務基礎知識和專業技能，深入理解電子商務原理和過程，提高學生綜合應用理論知識能力，樹立學生創新意識具有十分重大的意義。因此，開展電子商務專業實驗教學，設計一套適合當前電子商務人才培養的實驗教學體系是值得研究的課題。

電子商務專業的培養目標，是要培養能夠將信息技術與經濟管理緊密結合的複合型、創新型人才，培養學生理解和運用知識的能力、分析與綜合能力以及創造性思維能力。這就要求電子商務實驗教學體系的建立應以學生為中心，以掌握多學科複合型知識為基礎，以增強實際應用為重點，以培養創新能力為目標。

（1）驗證、加深理解理論知識，培養操作技能。通過實驗使學生能夠直接感受電子商務知識的商業化應用過程，體驗電子商務的商務流程和技術特點，讓學生從感性上驗證、加深理解所學理論知識，通過在「做中學」，掌握電子商務基本知識和操作技能。

（2）提升學生對理論知識的應用能力。通過實驗使學生提高動手能力、獨立策劃能力、綜合應用理論知識能力、適應社會需求的能力；使學生能夠綜合應用電子商務的技術和各種經濟管理理論，提出電子商務解決方案，撰寫電子商務的商業計劃書。

（3）培養學生的創新能力。通過實驗使學生開闊視野、擴大知識領域，引導學生在實驗中學會發現問題、提煉問題和解決問題，培養學生發現潛在的商機、創業商業模式甚至自主創業的意識和能力，並且能夠根據自己對社會的認識和發現，分析社會需求，設計並實施電子商務解決方案。

根據電子商務人才培養目標的要求，電子商務實驗教學體系應遵循由淺入深，由基礎性認知實驗到電子商務高級應用實驗的教學規律，電子商務實驗教學

體系可劃分為 4 個層次 13 個部分，如表 1-1 所示。

表 1-1　　　　　　　　　電子商務實驗教學體系結構表

一級部分	二級部分	三級部分
電子商務實驗教學體系結構	基礎性實驗	技術基礎性實驗
		商務基礎性實驗
		經濟與管理基礎性實驗
	專業性實驗	電子商務模式實驗
		電子金融與支付實驗
		物流管理實驗
		網路行銷實驗
		安全與認證實驗
		網站開發實驗
		企業管理實驗
	應用創新性實驗	電子商務綜合應用實驗
		電子商務系統設計與開發實驗
	實戰式實驗	電子商務交易過程仿真實驗

（1）基礎性實驗。基礎性實驗主要包括技術基礎性實驗、商務基礎性實驗、經濟與管理基礎性實驗 3 個部分，讓學生體驗電子商務的流程和技術特點，使學生能夠直覺和感性地認識電子商務。主要培養學生掌握電腦技能、各種模式商務活動和企業管理的基本知識，為下一步專業知識的學習打下良好的基礎，並在實驗中逐步培養學生對電子商務的學習興趣。

（2）專業性實驗。專業性實驗主要包括電子商務模式實驗、電子金融與支付實驗、物流管理實驗、網路行銷實驗、安全與認證實驗、網站開發實驗、企業管理實驗 7 個部分，主要培養學生的專業知識技能，要求學生深入學習電子商務的營運模式、營運方法，掌握識別和規劃電子商務體系結構和設計系統方法，瞭解電子商務在企業中的應用，以滿足個性化專業技能發展或拓展的需要。

（3）應用創新性實驗。應用創新性實驗主要包括電子商務綜合應用實驗、電子商務系統設計與開發實驗兩個部分。該層次的實驗著眼於知識和技能的綜合運用，目的在於提高學生分析問題和解決問題的能力，培養學生的創新能力和自學能力。要求學生能綜合運用所學知識，完成電子商務系統設計，並能撰寫電子商務商業計劃書，同時鼓勵學生敢於突破條條框框，大膽假設，創新性地設計技術方案和商務模式。該層次實驗是將知識轉換為能力的重要過程，激發了學生學習的主動性和積極性，同時使學生的個性在創新中得到發展。

（4）實戰式實驗。實戰式實驗是最高層次的實驗活動，綜合性非常強，主要培養學生綜合運用所學理論知識去解決實際問題的能力，以及組織能力、團隊協

作能力。在實驗過程中，老師是一個鼓動者、輔助者或顧問，鼓勵學生張揚個性、突出創新，激發學生獨立思考和創新意識，讓學生通過身臨其境的實驗獲得實際所需要的各種技能，為今後的工作和獨立創業奠定良好的基礎。

1.2 電子商務概論實驗教學

在電子商務的教學過程中，電子商務概論不僅是一門極其重要的專業基礎課程，也是電子商務專業其他課程的導入課程。通過本課程的學習，學生對電子商務專業有一個系統的、全方位的瞭解，掌握基本理論框架和基本知識結構。電子商務概論課程分為理論教學和實驗教學兩部分。理論教學是實驗教學的基礎，實驗教學是理論教學的昇華，是現代信息技術賴以發展的重要實踐環節。電子商務實驗課程是學生理解電子商務理論、學習電子商務應用與技能的重要途徑。通過實驗課程可以讓學生在實際的商業環境下進行操作，瞭解電子商務知識的商業化應用過程，使學生在整個實驗過程中進一步認識、理解所學的相關知識，開拓思路，擴大知識領域，提高適應商業活動的綜合素質，從而達到真正的融會貫通。

在電子商務概論的實驗教學上，應採用多學科交叉、綜合集成、面向對象的多元化教學方式。要以創新為基點，堅決擺脫傳統的「以講授為中心」的教學方式。老師在授課過程中應注意處理好灌輸與引導、講授與討論、教材與實驗的關係。

1.2.1 任務驅動教學法

任務驅動教學法是以學生為中心、任務為驅動的教學方式。以學生為主體，積極推行實踐教學方法的改革和實踐教學課程體系的研究，制定實踐教學規範，打破傳統實驗課學生始終處於被動地位進行機械模仿的慣例，實行一體化的教學方式。以任務為驅動，即圍繞某項任務的解決來展開，讓學生通過不同的身分、不同的角色去參與實戰性實習，感受真實發生的商務活動，從而加深對原理概念的理解，實現理論與實踐的充分結合。

1.2.2 模擬實訓教學法

電子商務概論是一門實踐性很強的課程，這就更需要理論聯繫實際。因此，可以採用「電子商務模擬實驗軟件+電子商務網站+互聯網」的方式，利用電子商務實驗室，通過電子商務模擬教學系統幫助學生從實踐中學習電子商務各個流程及相關技術。建議學生到一些能提供免費開店的商務網站去實際操作，如在淘寶網、阿里巴巴等網站註冊會員。通過身分認證後進行前臺和後臺的操作，從而到現實世界中去體會電子商務的模式，通過網上交易來理解、消化理論知識並運用於實踐。總之，在電子商務概論課程的實驗教學中，要結合多種教學方法，將理論知識貫穿於實際操作中，注重培養學生的實際操作能力，這樣才能保證電子商務教學與電子商務實際發展同步，奠定電子商務的整個教學基礎，激發學生們的學習積極性，使學生們對電子商務概論這門課程產生濃厚的興趣，提高電子商

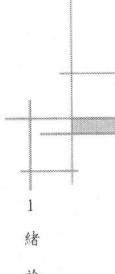

務概論課程中實驗教學的效果。

1.3　本書的主要內容

　　本實驗教程針對大學本科電子商務專業學生，緊密結合大學電子商務概論理論課程，採用深圳因納特電子商務仿真平臺，運用因納特電子商務營運實訓軟件對大學生進行實驗訓練。

　　本實驗教材主要針對本科院校電子商務專業和非電子商務專業學生使用，也可以作為高職高專院校相關專業學習的參考書。

　　本實驗教程主要包括有 5 個實驗，建議學時為 24 個學時。

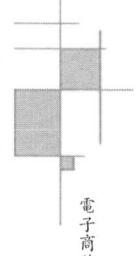

2 實驗軟件及環境介紹

2.1 實驗架構整體介紹

因納特電子商務營運實訓軟件採取實驗仿真的形式，著重讓學生對傳統企業開展電子商務擁有全貌認識，並能充分瞭解官方網站，網上商城、公用 B2C、B2B 平臺的後臺，瞭解各種電商形式在企業電商業務中的不同作用，學習各種電商活動的策劃和實施。實驗的整體架構如圖 2-1 所示。

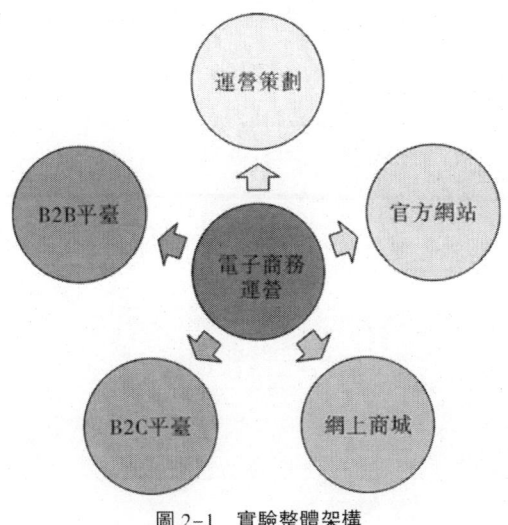

圖 2-1　實驗整體架構

2.1.1　營運策劃

實現官方網站、網上商城、B2C 業務和 B2B 業務的策劃，每一個部分的策劃分幾個步驟，以文本框形式呈現，填寫策劃內容，提供參考預覽圖，更好地讓學生獲知策劃之後的效果。如圖 2-2 所示。

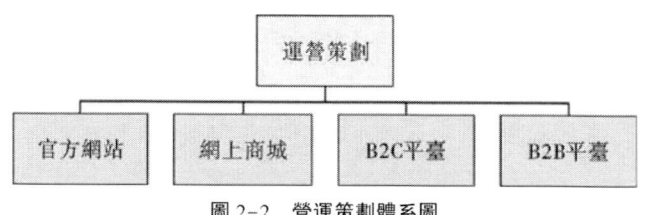

圖 2-2　營運策劃體系圖

2.1.2　官方網站

企業開展電子商務，建立官方網站是第一步。軟件提供了後臺數據管理功能，可以添加數據用於官方網站前臺的展示。學生可根據自己的策劃文案模擬實現自己的企業官方網站。官方網站數據結構圖如圖 2-3 所示。

・首頁：主要顯示公司網站動態信息，顯示最新的新聞動態和產品、公司的介紹。
・關於公司：介紹公司的信息，如公司起步、創業、歷程等信息。
・產品中心：展示公司的產品，可查看產品的具體信息。
・新聞中心：顯示公司的新聞動態與行業新聞。
・管道加盟：便於有意加盟本公司的客戶聯繫公司，填寫加盟信息。
・人才招聘：提供人才招聘信息，發現人才。
・合作夥伴：展示出與本公司有合作關係的夥伴。
・聯繫我們：顯示公司的聯繫地址與聯繫方式。

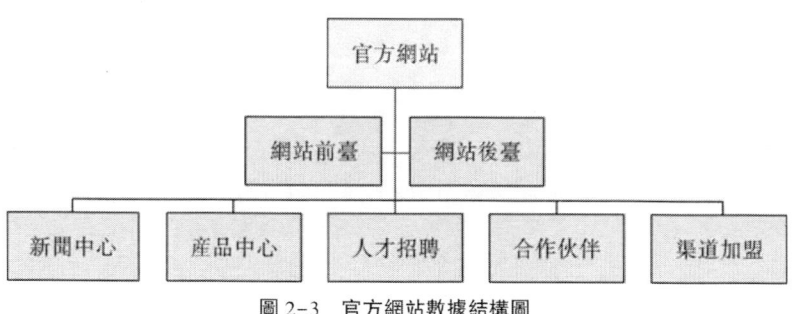

圖 2-3　官方網站數據結構圖

2.1.3　網上商城

網上商城分類別展示產品，方便分類查詢，查看產品詳情等，並可加入購物車和進行購物下單，實現了網上商城的基本功能。網上商城數據結構圖如圖 2-4 所示。

・商品管理：新增、修改、刪除商品，查看商品庫存、進貨等（如商品的上下架、是否打折、是否是熱銷品等信息）。
・銷售管理：已賣出商品（賣出過的商品記錄列表），以圖表形式展示，用

於統計。

・訂單管理：處理客戶提交的訂單，更改狀態，顯示發貨、交易成功等信息。

・網上支付：分多種類型（如網銀、貨到付款等），用於訂單提交時處理。

・物流配送：不同的商品可以選擇不同的物流，按各自要求選擇物流。

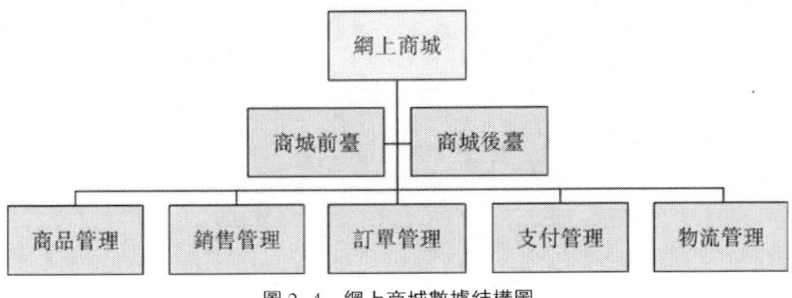

圖 2-4　網上商城數據結構圖

2.1.4　B2C 平臺

學生需要分別以企業身分和買家身分進行 B2C 平臺進行入駐、展示、交易等操作。軟件通過廣告位競價等方式，模擬學生的經營數據，讓學生在 B2C 平臺學習電子商務營運，操作獲取訂單、處理訂單和發貨等全過程。B2C 平臺數據結構圖如圖 2-5 所示。

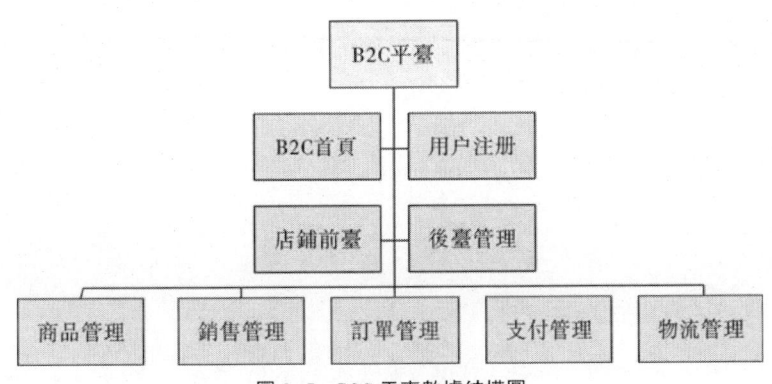

圖 2-5　B2C 平臺數據結構圖

2.1.5　B2B 平臺

學生需要分別以企業身分和買家身分進行 B2B 平臺進行入駐、展示、交易等操作。B2B 平臺展示各商家入駐 B2B 之後的一些商品信息，分多種類型排版，比如新款專區、推薦專區、包郵專區等。B2B 平臺數據結構圖如圖 2-6 所示。

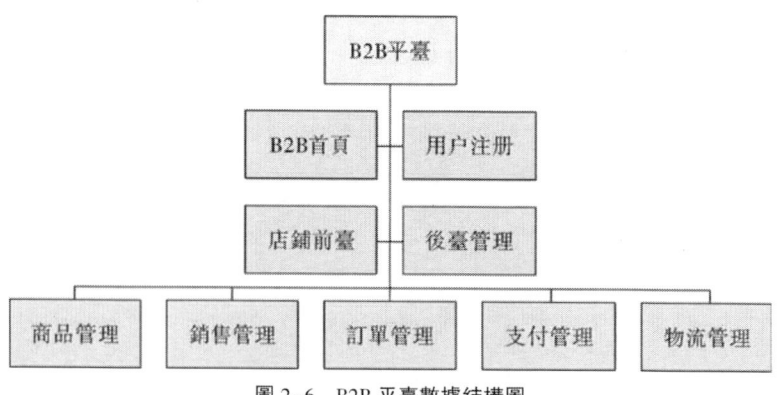

圖 2-6　B2B 平臺數據結構圖

2.2　軟件安裝環境

2.2.1　實驗環境搭建

本實驗所需的軟硬件環境如下：

·作業系統端：Windows 2000 Server/Pro/AdServer、Windows XP、Windows Server 2003、Windows7 等各種操作系統環境。

·資料庫：採用 MYsql 數據庫，安裝程序內含數據庫程式，無須做額外安裝。

·客戶端：Windows 操作系統，火狐瀏覽器。

2.2.2　軟件啟動

·安裝完備後，桌面上將出現「因納特電子商務綜合實訓室軟體伺服器」的快捷方式圖標。

·在系統目錄點擊「開始」≤「程序（p）」≤「因納特電子商務實訓室軟件」≤「因納特電子商務營運軟件」，點擊啟動 tomcat 讀取完數據就可以開始使用。

·如果在本機使用該軟件，在瀏覽器地址欄輸入：http://localhost:9090。

·如果訪問伺服器使用該軟件，在瀏覽器地址欄輸入：http://伺服器名稱或伺服器 IP 地址：9090。

註：「9090」是本軟件在安裝時默認的連接埠號，若更改了連接埠號，則須將 9090 連接埠換成相應的連接埠號。

2.3　管理員操作

為了保證實驗的順利進行，需要在實驗前由管理員進行實驗相關的配置。

2.3.1 登錄系統

輸入：http：//［伺服器 IP］：9090。登錄界面如圖 2-7 所示。

圖 2-7　系統登錄頁面

以管理員身分進行登錄，輸入系統安裝人員設置的管理員帳號和密碼。登錄後，可進入如圖 2-8 所示的操作界面，並對班級、老師進行管理。

圖 2-8　管理員首頁操作頁面

2.3.2 班級管理

班級管理允許管理員增加新的實驗班級，並對現有班級進行相應的管理，如班級的查詢、名稱的修改、冗餘班級的刪除等。如圖 2-9 所示。

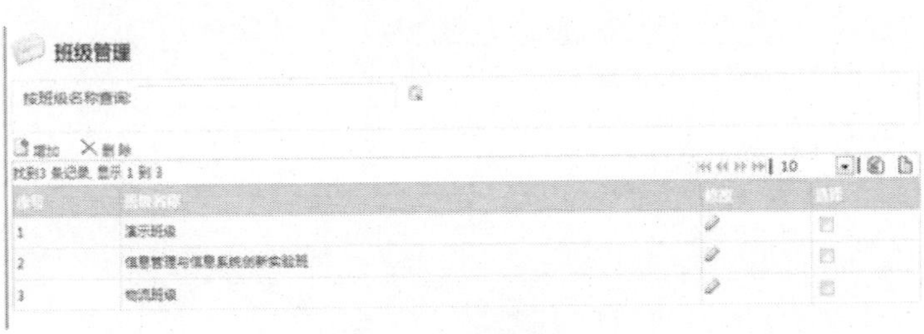

圖 2-9　班級管理視圖

新增班級：在操作界面點擊「班級管理」✎「增加」按鈕添加新的班級。填寫完畢後點擊「確定」。如圖 2-10 所示，新增加的班級會在班級列表中顯示。

圖 2-10　添加班級視圖

2.3.3　老師管理

老師管理允許管理員管理老師帳號的詳細信息；把增加的老師分配給相應的班級，使老師與班級相對應；修改或刪除老師帳號等操作。

在操作界面點擊「老師管理」✎「增加」按鈕添加新的老師，輸入相關信息，選擇所要管理的班級後，點擊「確定」。操作如圖 2-11 所示。

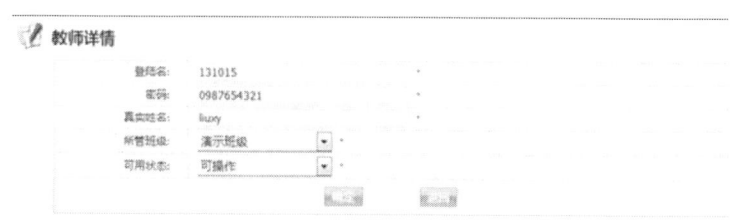

圖 2-11　添加老師視圖

2.3.4　營運策劃軟件數據管理

進入「電子商務營運實訓軟件」對軟件數據進行管理。

2.3.4.1　實訓任務

管理員可以查看系統提供的任務，以此為線索引導學生完成電子商務營運實訓內容。操作如圖 2-12 所示。

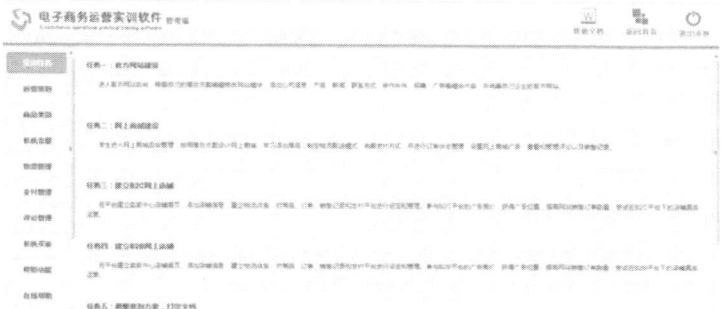

圖 2-12　系統任務圖

2.3.4.2 營運策劃

實訓的第一任務是營運策劃，包括對官方網站、網上商城、B2C 平臺及 B2B 平臺的營運佈局策劃。管理員可以對每個營運策劃的架構進行調整，學生最終以調整後的框架為模板完成營運策劃實訓。

注意：管理員對系統參數的調整將影響所有實驗班級的數據，並且將改變軟件自帶數據。點「开始运营」，之後調整數據將時時影響學生前端的操作；修改數據前未點「开始运营」，在完成數據修改後需要點「开始运营」，學生才能使用最新的實訓數據。

以「官方網站」營運策劃框架調整為例，管理員點擊「官方網站」，對官方網站策劃架構進行修改。點擊「添加」可以添加策劃部分。操作如圖 2-13 所示。

圖 2-13　官方網站營運策劃圖 a

點「✕」，刪除部分；或勾選「類型名稱」，點擊「刪除」完成批量刪除。

點「🔍」，查看對應部分的案例內容。

點擊「✎」，修改部分類型名稱和策劃案例。操作如圖 2-14 所示。

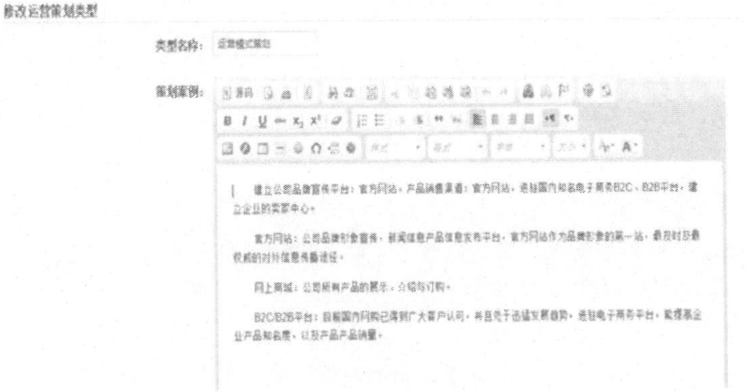

圖 2-14　官方網站營運策劃圖 b

點「上移下移」，改變部分在營運策劃方案中的位置。

2.3.4.3 商品類別

系統預提供 10 種產品大類，包括服裝、鞋包配飾、運動戶外、珠寶手錶、數位、家電、日用百貨、美容護髮、食品保健及家具建材。在每個大類中又包含多種產品，管理員可以在大類中添加更多產品。如圖 2-15 所示。

圖 2-15 商品類別圖

點「添加」，添加商品類別名稱。操作如圖 2-16 所示。

圖 2-16 添加商品類別

2.3.4.4 系統變量

管理員可以對系統變量進行修改。建議系統變量初始設置如圖 2-17 所示。

・初始金額：所有學生都是在相同營運資本下開始公司電子商務營運工作的，資金越充足實驗難度越小。

・系統起點時間：指學生營運公司的模擬時間，以此時間為起點，以天為單位計算電子商務營運的工作時間。

・模擬時間刻度：若系統模擬時間刻度為 10 分鐘，說明現實 10 分鐘為實訓

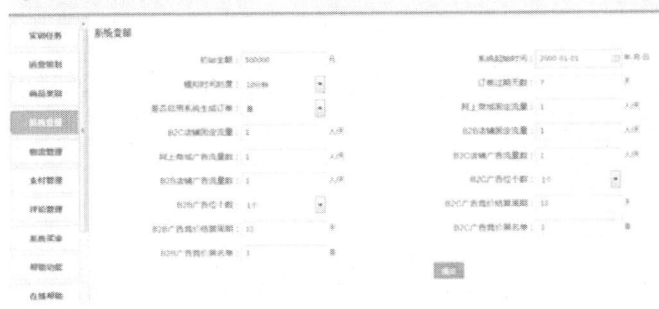

圖 2-17　系統變量設置圖

虛擬時間的 1 天。

・訂單過期天數：系統產生或是學生下的訂單，如果賣家在一定時間內不處理訂單，系統將自動取消訂單。

・是否啟用系統生成訂單：若選擇「否」，需要學生之間產生交易才有訂單，若選擇「是」，系統將隨機出現採購訂單，便於學生順暢地完成訂單處理等實訓內容。

・網上商城固定流量：網上商城固定流量保證了學生所做的網上商城每天的基礎流量。

・B2C 店鋪固定流量：固定流量保證了學生所做的 B2C 店鋪每天的基礎流量。

・B2B 店鋪固定流量：固定流量保證了學生所做的 B2B 店鋪每天的基礎流量。

・網上商城廣告流量基數：網上商城廣告給網上商城增加的流量數。

・B2C 店鋪廣告流量基數：B2C 店鋪廣告給 B2C 店鋪增加的流量數。

・B2B 店鋪廣告流量基數：B2B 店鋪廣告給 B2B 店鋪增加的流量數。

・B2C 廣告個數：每個學生可以在 B2C 平臺做廣告的數量。

・B2B 廣告個數：每個學生可以在 B2B 平臺做廣告的數量。

・B2B 廣告競價結算週期：B2B 平臺每個廣告的收費週期。若為 10，表示競標成功後學生在 10 天內支付廣告費用，並且 10 天後此廣告位開始新的一輪招標。

・B2C 廣告競價結算週期：B2C 平臺每個廣告的收費週期。若為 10，表示競標成功後學生在 10 天內支付廣告費用，並且 10 天後此廣告位開始新的一輪招標。

・B2C 廣告競價黑名單：B2C 廣告競價結算週期內學生不支付廣告費用的次數。如設置為 3，學生有 3 次競標成功不支付費用的機會，之後就再也不能參與廣告位的競標。

・B2B 廣告競價黑名單：B2B 廣告競價結算週期內學生不支付廣告費用的次數。如設置為 3，學生有 3 次競標成功不支付費用的機會，之後就再也不能參與廣告位的競標。

2.3.4.5 物流管理

系統預提供物流服務商（如圖 2-18 所示），管理員可以添加新的服務商，然後對各服務商詳細的物流服務區域、價格、速度等信息進行設置。如圖 2-19 所示。

圖 2-18　系統物流信息圖

圖 2-19　添加物流信息

管理員可以對各物流服務商的詳細情況進行設置。如點擊「物流報價」對此物流服務各地區價格進行調整，並且選擇添加刪除快遞地區。如圖 2-20 所示。

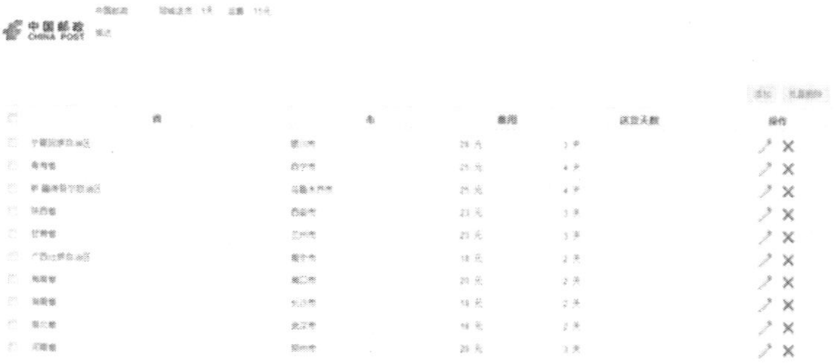

圖 2-20　物流系統報價圖

2.3.4.6 支付管理

系統預提供網上銀行、信用卡、第三方和貨到付款 4 種支付方式。管理員可以在各種支付方式下添加服務商或支付方式，或刪除服務商信息。如圖 2-21 所示。

圖 2-21　系統支付圖

在相應的欄目下添加支付信息。如圖 2-22 所示。

圖 2-22　添加支付信息

2.3.4.7 評論管理

管理員可以添加各種顧客評價，當學生端產生訂單，系統將隨機提取客戶評價在學生端顯示。如圖 2-23 所示。點擊「添加」，可進行評價信息的添加，如圖 2-24 所示。

圖 2-23　系統評價管理圖

添加系統評論

圖 2-24　添加評價管理

2.3.4.8　系統買家

系統產生訂單時，隨機提取的客戶信息將作為訂單收貨人信息。如圖 2-25 所示。點擊「添加」，可添加系統買家。如圖 2-26 所示。

圖 2-25　系統買家管理圖

圖 2-26　添加系統買家

2.3.4.9 開始營運

管理員可以點擊「開始營運」，實訓過程中隨時修改數據參數；也可以先修改實驗數據，再點擊「開始營運」。

2.4 老師操作

2.4.1 登錄系統

在客戶機端輸入：http：//［伺服器IP］：9090，以老師身分登錄系統，登錄後系統界面如圖2-27所示。

註：老師帳號的設置需要與管理員進行聯繫，由管理員添加相應的老師帳號和班級，其在登錄界面用戶名與密碼由管理員提供。

圖2-27 教師登錄首頁

2.4.2 學生管理

2.4.2.1 學生帳號管理

老師帳號可以對已有的學生帳號進行管理，包括學生用戶名、狀態、學號、密碼、真實姓名的查看和修改。

新增學員：老師可以通過單擊「增加」，實現單個學生帳號添加，也可選擇批量帳號批量地生成用戶；學生也可以在登錄頁面自行註冊，由老師在後臺審批，此步驟在學生操作中將詳細說明。如圖2-28所示。

圖 2-28　學生管理圖

2.4.2.2　帳號審核

帳號審核：針對學生提交的註冊信息進行審核。點擊「操作」欄的「審核通過」按鈕可以批准學生的註冊。老師審核通過後學生才可以使用該帳號。可以利用此功能來找回學生的密碼。

全部審核通過：減少老師審核學生帳號的工作量。點擊「全部審核通過」能將已經註冊的帳號一次審核通過。如圖 2-29 所示。

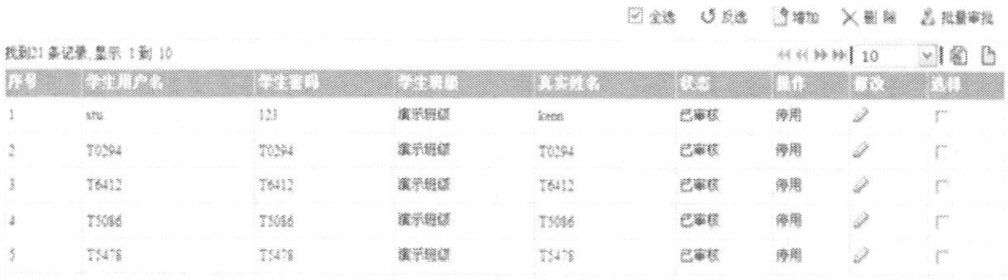

圖 2-29　帳號審核視圖

2.4.3　實驗管理

2.4.3.1　添加實驗

老師可以增加新的實驗內容，點擊「　」，輸入實驗名稱，選擇產品類型，完成添加實驗的操作。每個班可以有多個不同產品類型的實訓。如圖 2-30 所示。

圖 2-30　添加實驗

點擊「修改」，老師可以修改已開始的實驗名稱；點擊「刪除」，可以刪除已建立的實驗；點擊「暫停」，可以暫時停止實驗，下次上課再「恢復」實驗。修改實驗信息頁面如圖 2-31 所示。

圖 2-31　修改實驗信息

2.4.3.2 實驗管理

點擊「进入实验」，老師可以進行各項實驗內容的修改。如圖 2-32 所示。具體內容項目修改請見後續各個實驗中的教師操作環節。

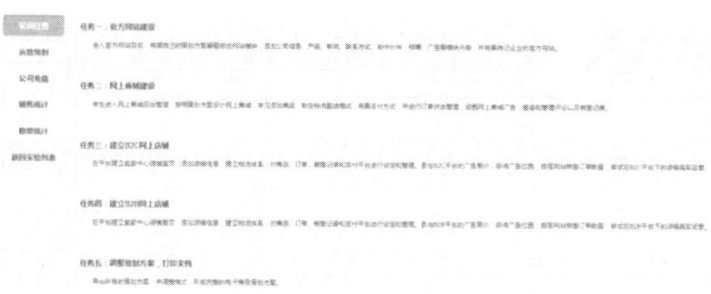

圖 2-32　實驗管理視圖

點擊「数据统计」可以查看本實驗中每個學生任務的情況。其中已完成的信息內容顯示如圖 2-33 所示。點擊所顯示的內容，可以進入該學生具體某任務中進行查看，並進行操作。

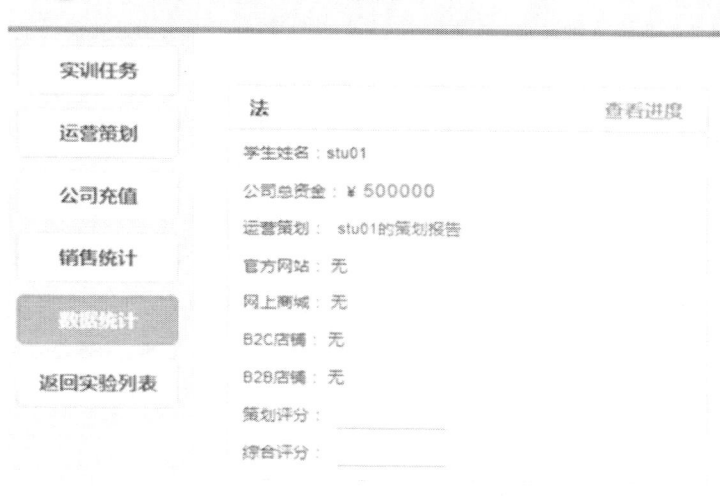

圖 2-33　數據統計頁面視圖

也可以查看每個學生的總體進度，如圖 2-34 所示。

圖 2-34　學生進度跟蹤圖

營運策劃：可以查看每個學生對應的公司及官方網站、網上商城、B2C 商城和 B2B 商城的營運策劃完成情況。如圖 2-35 所示。

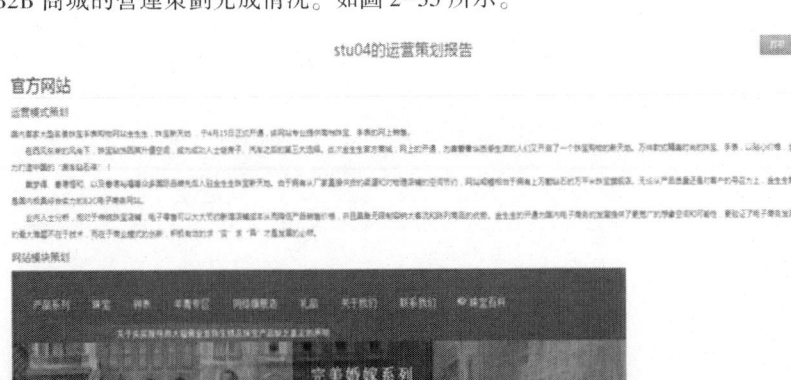

圖 2-35　學生策劃方案查看視圖

官方網站：可以查看每個學生對應的公司官方網站情況。如圖 2-36 所示。

圖 2-36　學生官方網站查看視圖

網上商城：可以查看每個學生對應的公司網上商城情況，如圖 2-37 所示。

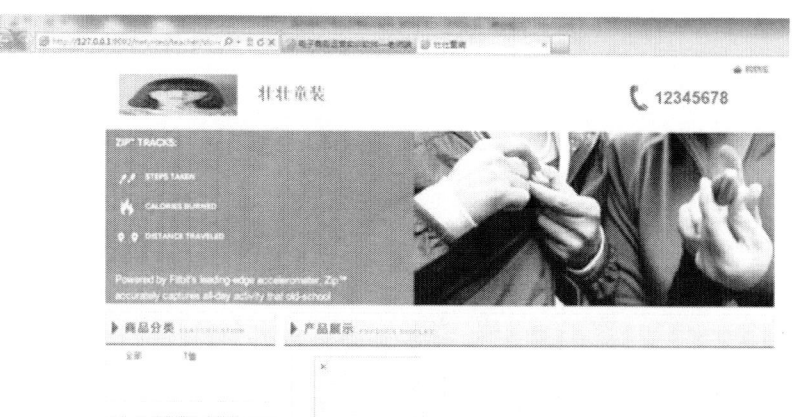

圖 2-37　學生網上商城查看視圖

同上原理，老師還可以查看每個學生 B2C 店鋪及 B2B 店鋪建設情況。

2.5　學生操作

2.5.1　系統登錄

在瀏覽器欄輸入 http：//伺服器的名稱或 IP 地址：9090。聯繫老師，確認是否已經由老師後臺批量導入學生信息，如果已經導入，由老師提供學生用戶名及密碼；如果沒有，則首先需要進行註冊，並經老師審核通過。

2.5.2 學生註冊

學生在初次使用時，需要先註冊一個學生帳號，經過老師在後臺審核後方可登錄。

點擊系統登錄界面的「註冊」，進入學生註冊界面。如圖 2-38 所示。

圖 2-38　學生註冊頁面視圖

・用戶名：最好不要用中文、標點符號，推薦用英文、字母、數字。

註：用戶名不能與老師或者系統管理員的用戶名相同，否則系統會提示名字重複無法註冊。

・用戶密碼：採用字母與數字的組合，要求大於 6 位字元。
・選擇班級：選擇學生所在的班級名（預先由老師進行設置）。
・學號：提供學生真實學號，或根據老師要求進行設定。
・學生姓名：提供學生真實名字註冊，或根據老師要求進行設定。
・性別：提供真實性別。
・入學時間：提供學生真實入學時間，或根據老師要求進行設定。

註：詳細信息為選填內容。

註冊完畢後，等待老師進行審核。

2.5.3 學生登錄

老師審核通過學生註冊信息後，或老師提供相應的學生信息後，學生可以學

生身分進入系統。進入系統後，可看到如圖 2-39 所示的界面。

圖 2-39　學生登錄首頁視圖

2.5.4　實驗選擇與公司註冊

按照老師的要求，選擇電子商務營運實訓軟件，進入相關實驗。點擊「進入實驗」，如圖 2-40 所示。

圖 2-40　學生進入實驗視圖

學生按照系統要求依次完成 5 個任務，期間學生可以直觀瞭解任務進度。如圖 2-41 所示。

圖 2-41　學生進度顯示視圖

在首次使用某帳號進入實驗後，首先完成公司帳號註冊。如圖 2-42 所示。

圖 2-42　公司帳戶註冊頁面圖

3 營運策劃實驗

3.1 實驗基本信息

3.1.1 實驗目的

實現官方網站、網上商城、B2C 業務和 B2B 業務的策劃，每一個部分的策劃分幾個步驟，以文本框模式呈現，填寫策劃內容，提供參考預覽圖，更好地讓學生瞭解策劃架構。

3.1.2 實驗課時

8 課時。

3.2 老師準備步驟

3.2.1 設置營運策劃框架

老師以管理員身分進入電子商務營運實訓軟件，點擊「營運策劃」部分，在系統給定的營運策劃框架基礎上，老師可以重新設計營運策劃框架。如圖 3-1 所示。

圖 3-1　營運策劃框架管理頁面

選擇要修改策劃框架，被選中策劃框架顯示綠色時，可進行框架調整。

老師點擊「添加」可以添加新的框架名稱，並提供相應的案例，供學生學習參考。如圖 3-2 所示。

圖 3-2　添加營運策劃編輯視圖

點擊「上移 下移」可以調整此營運策劃內容在整個策劃中的位置，每點一次「上移」，部分按序前進一位；每點一次「下移」，部分按序後退一位。

點擊「🔍」可以查看對應策劃部分案例的內容。如圖 3-3 所示。

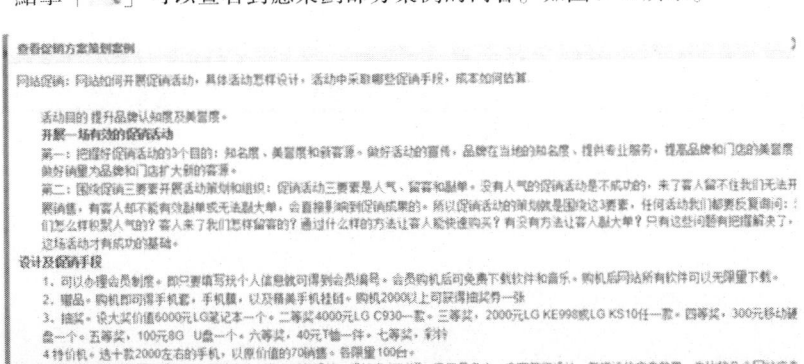

圖 3-3　營運策劃案例視圖

點擊「✐」可以修改策劃類型名稱和案例內容。如圖 3-4 所示。

圖 3-4　修改營運策劃編輯案例圖

確定營運策劃每個部分的策劃框架都調整完成後，進入第二步。

3.2.2　添加實驗

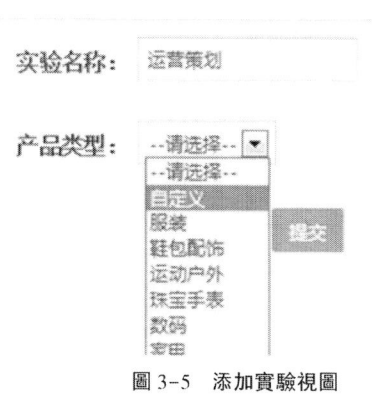

老師登錄老師管理後臺，選擇電子商務營運實訓軟件。為班級添加實驗。點擊「新增實驗」，實驗名稱為「營運策劃」，依次添加實驗產品「服裝」「鞋包配飾」「運動戶外」「珠寶手錶」「數碼」「家電」等。如圖 3-5 所示。

圖 3-5　添加實驗視圖

點擊「開始」，顯示實驗「進行中」，學生可以開始實驗。如圖 3-6 所示。

圖 3-6　營運策劃實驗開始視圖

3.2.3　查看報告

實驗結束後，老師點擊「 进入实验 」，點擊「 运营策划 」，可以查看學生提交的電子商務營運報告。如圖 3-7 所示。

圖 3-7　營運策劃報告查看視圖

3.3　學生實驗步驟

3.3.1　實驗進入

學生首先完成帳號註冊與登錄後，選擇電子商務營運策劃軟件，選擇「營運策劃」實驗，完成公司註冊，然後進入營運策劃部分，根據策劃框架完成各部分營運策劃內容。學生可以參考老師提供的策劃案例完成官方網站、網上商城、B2C 平臺及 B2B 平臺的策劃方案。如圖 3-8 所示。

圖 3-8　學生營運策劃視圖

點擊「 添加 」，利用軟件提供的 IE 編輯器完成策劃方案。如圖 3-9 所示。

圖 3-9　學生營運策劃編輯視圖

3.3.2　官方網站營運策劃

官方網站營運策劃視圖如 3-10 所示。

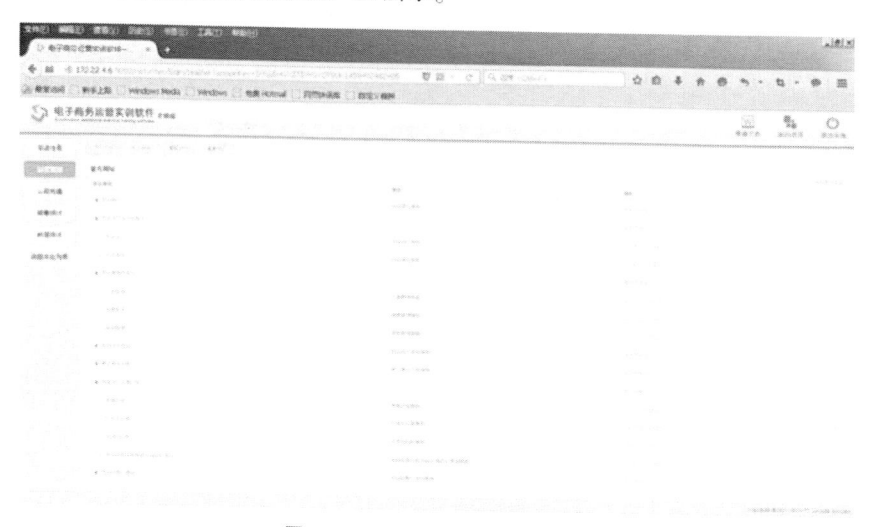

圖 3-10　官方網站營運策劃視圖

3.3.2.1　網站定位

網站定位是指網站在互聯網上扮演的角色，向目標群（瀏覽者）傳達的核心概念，透過網站發揮的作用。因此，網站定位非常關鍵，是網站建設的核心策略，網站架構、內容、表現等都圍繞網站定位展開。網站定位的好壞直接決定著網站的前景和規模。

網站定位通常需要考慮以下幾個因素：

3.3.2.1.1 網站前景

網站前景即網站遠景規劃，包括網站向哪個方向發展、發展空間有多大、預計受眾有哪些、受眾量有多少等，這些都直接決定網站是否值得做下去。否則即使網站做得再漂亮，無人欣賞就沒有任何價值。

3.3.2.1.2 自身優勢

在定位網站之前，需要先瞭解自己的情況，分析自己的優勢和劣勢所在，不要從事自己特別不瞭解的行業，而要做自己擅長的方面。目前網站數量極為龐大，還有很多資金充裕的互聯網公司，我們只有以自己的專業為基礎，以自己的優勢作為核心競爭力進行定位，才能向網民提供真正有價值的內容和產品，吸引網民二次訪問，只有這樣的網站才容易成功。

3.3.2.1.3 競爭對手

初步確定一個網站的定位後，可以根據相應的關鍵字進行搜索：同類的網站有哪些、網站規模如何、它們的競爭優勢是什麼。只有在這些分析的基礎上，才能做出你自己的特色。

3.3.2.1.4 可行性

可行性影響因素包含技術、資金等。在市場調查後，可通過軟件開發、美工等系列工具設計相應的頁面、程序等，對公司的啟動費用、營運費用、維護費用、軟硬件設施等進行詳細規劃，確定資金的使用。

3.3.2.1.5 盈利模式

盈利模式是一個公司的根本所在，對於一個想發展壯大的網站，設計一種較好的盈利模式，可為網站的後續發展奠定良好的基礎。

3.3.2.1.6 網站定位的注意事項

·網站一定要為網民提供有價值的服務，最好是提供獨特性的服務。

·不要盲目追隨。「某某網站做的太好了，非常盈利，如果我們也做一個應該也會很好吧。」如果你正在這樣考慮問題，可能會陷入危險的狀態。別人能做的，你未必能做；以前能做的，現在未必可以。

·不要定位不準確，內容紛雜。許多網站的營運者為了提高人氣，不斷增加欄目內容，以至於天文地理無所不包；更有精通搜索引擎的同行，可以把網站炒作得沸沸揚揚。然而，如果網站沒有核心的內容，或核心內容不夠強大，是很難留住用戶的，沸沸揚揚往往也只是曇花一現而已。

·不要盲目做 web2.0。有不少個人網站在 2.0 之路上躍躍欲試，試驗了一年之後，最後都紛紛關閉。我們只能用個人網站的點滴能量去「撬地球」。

3.3.2.2 網站設計及內容策劃

3.3.2.2.1 頻道設置

·廣告條（Banner）：主要體現網站的中心意旨，形象鮮明地表達最主要的情感思想或宣傳中心。

·主菜單（Menu）：多文件和程序羅列橫向或豎向展開成為一個大菜單，打開大菜單中的文件展開內部的小菜單和其中的程序。

·新聞（News）：首頁的新聞版塊中每一個新聞標題動態生成，數據庫中最近更新的 15 條信息滾動出現。放在網站首頁中間部位會引起人們的關注。

·搜索（Search）：提供在線新聞搜索功能。

·友情連接（Links）：連接相關網站。

·郵件列表（Mail List）：提供一個供網民反饋意見以及業務訂購的信息的管理平臺。

·計數器（Count）：查看網站訪問量，廣告點擊率。

·版權（Copyright）：顯示版權信息、網站說明。

3.3.2.2.2 網站需求

企業建立網站的最終目的是使企業通過互聯網獲益。只有把網站做成企業和客戶之間、企業與企業之間的有效紐帶，網站才能真正發揮其作用。企業的網站應該關注於自己特定的客戶群，通過多種形式和客戶保持溝通，吸引自己的客戶不斷地和企業網站進行交流，從而起到瞭解客戶需求、提供優質服務、加強廣告和展示效果的作用。建設網站的目的是讓客戶瞭解相關行業的最新動態，對產品進行宣傳，方便客戶查找相關產品信息，方便客戶購買相關產品。

3.3.2.2.3 網站的功能

當一個公司在網上展示自己，不管是在網站上，還是其他形式的數字媒體上，都是為了建設品牌。因此，用尖端的互動技術，充分利用互聯網的優勢，確保客戶能受益於每一次品牌展示的機會。網站功能外掛是指在原來的網站上加入相應的具有互動功能的交互式程序。

3.3.2.2.4 語言設計

官方網站是向消費者展示自己的一個窗口。合理定位消費者所在國度，選擇適當的語言設置組合方案，如中文、英文，可以使相關界面更為友好。

3.3.2.2.5 風格設計

根據網站的定位，設計適當的網站風格，如野性風格、古典風格、清爽風格、溫馨風格等。

3.3.2.2.6 安全設計

當前電子商務環境對安全性要求通常較高。採取可靠的網路安全技術，為伺服器選擇安全的操作系統，分配合理的系統使用者等級及權限，設置合理的密碼，這些都會影響到系統的安全性。

3.3.2.3 網站易用性策劃

電子商務網站的核心技術為項目持有人研發的互動式在線交易系統，通常交易系統應具有以下特點：

·採購和招標雙方可直接在網上進行洽談、交易、簽定合同協議。

·將傳統商貿中供貨方單向銷售轉為供求雙方互動式交易。

·採用與即時價格同步的動態報價系統，可使客戶在第一時間得到最新價格信息。

·採用自動比價系統，為客戶購銷決策提供準確的市場依據。

・採用自動議價和互動式議價相結合的議價系統，可使客戶以最優價格得到最好的服務。
・採取全程跟蹤服務，使客戶隨時掌握交易進程。
・可受理任何貨款支付方式。
・對無上網條件的單位，可採用傳真、電話等形式獲取信息，完成電子商務與傳統商貿的互補性交易。
・在線交易首期開通現貨交易，以後將陸續開通期貨、易貨交易及調節轉換等多類型交易形式。

3.3.2.3.1 註冊管理
・用戶管理：對註冊用戶進行的管理方案，可以根據企業競標的項目不同進行劃分，並且將不同企業所競標的投標書進行分別管理，便於以後尋找企業。
・業務信息管理：系統網站經營業務的劃分，通常包括系統管理、客戶管理、招投標管理、銷售管理、財務管理、人力資源管理。
・用戶界面：是否提供智能卡技術；是否推進城市交通卡、銀行卡等各類卡基應用。

3.3.2.3.2 搜索管理
（1）域名。
（2）頭部信息的填寫，分為：標題、關鍵詞、描述語。
・標題。
・關鍵詞：因為關鍵詞是客戶選擇的基礎，所以要靈活運用分詞技術，一般情況就是加長尾關鍵詞，這樣便於識別網站的類別。
・描述語：可以是一段信息，也可以是關鍵詞。
（3）Body：主要是文章內容的更新，要吸引用戶光臨你的網站，必須有高質量的文章（原創）。
（4）發外部連結：發外部連結有很多方式，常用的有下面幾種。
・博客推廣：根據自己網站的屬性建一個同屬性的博客，關鍵詞加上網址。博客內容最好是原創相關的文章，標題要新穎，文章圍繞關鍵詞進行，在文章關鍵詞上做描文本，最好是3個以下，寫好文章後可以轉發到各個圈子裡。同時要多去光顧一下人氣高的博客，進行留言和回帖（附上自己網站的地址）。再則就是博客的友情連結，這需要博客的點擊量非常大。
・論壇推廣：可以採取簽名的外部連結，或者採用軟式行銷的形式發布主貼或進行跟帖。
・信息分類推廣：利用全國信息分類網站很多上的黃頁，如百姓網、趕集網、NET114、久久信息平臺等。這種被收錄的機率比較高，因為不會出現刪帖現象。
・百科類推廣：一些熱門詞條裡的連結，每天都能帶來不少IP。
（5）友情連結：友情連結最好尋找PR值高、流量高、收錄高的網站，這樣可帶動自己的網站。

3.3.2.3.3　需求功能部分

主要的需求功能部分：

・信息發布：信息發布和管理系統是將網頁上的某些需要經常變動的信息等信息集中管理，並通過信息的某些共性對其進行分類，最後將其系統化、標準化發布到網站上的一種網站應用程序。網站信息通過一個操作簡單的界面加入數據庫，然後通過已有的網頁模版格式與審核流程發布到網站上。

・會員管理：瀏覽者在線填寫註冊表，經系統審核後成為網站會員，頁面添加登錄驗證功能。在前臺，會員可以自行維護個人信息，對個人註冊信息進行修改和刪除。後臺設置會員管理界面，管理員可對會員進行分類查詢、刪除。

・論壇社區交流：主要具備註冊的用戶發貼自動記錄刷新記錄表；用戶登錄密碼提示，獲取密碼；顯示用戶頭像；上傳文章和影音文件；在線分類查詢；貼子發表查看統計記錄；風雲排行；積分排行；回覆統計；自選頁面風格配色方案；滾動廣告管理等功能。

・在線訂購系統：具備網路消費者必不可少的系統工具——購物車。網站最後是要根據購物車的信息確定客戶的訂單。購物車功能主要由購物車顯示部分、訂單生成部分、確認和支付部分來實現的。網上訂單處理是電子商務企業的核心業務流程。訂單處理業務包括：訂單準備、訂單傳遞、訂單登錄、按訂單配貨、對訂單狀態跟蹤等操作活動。

・網路拍賣：在拍賣系統中，對拍賣雙方需要提供會員註冊的功能，進行 E-mail 確認。對拍賣物品應設置拍賣起始價、拍賣底價、最小報價單位、截止時間，以及物品種類、性質、詳細說明描述等介紹信息。

・策劃產品展示發布系統：以音頻、視頻、圖片、文字等信息組合方式將產品推送到消費者的系統。

・留言板與聊天室：留言板與聊天室提供一個開放網路場所，允許多個用戶通過互聯網採取文字、語音等形式，針對企業產品或服務與企業或其他用戶進行即時信息交流。

・廣告訂單郵件列表：企業推送給媒體登載廣告的訂單列表，內容通常包含廣告發布的地位、時間、尺寸、頻率等。

・在線調查：網站利用網路簡單編程的方式將所需調查的內容以頁面的形式發布問卷，允許用戶在瀏覽頁面的時候，對問卷進行回答，生成簡單的調查結果。

3.3.2.4　網站技術策劃

為了保證網站打折券及部分代購品順利推廣及銷售，商家應購買大容量的小型機、伺服器，實行自主管理、自主保護。在系統安全問題上，應在整個網站內部伺服器、計算機網路與外部建立屏障，防止外部的非法入侵，保證系統安全的同時，保護用戶的合法權益。同時，保證對伺服器、網路定期殺毒，排除一切產生隱患的可能。

關鍵信息的傳輸應採用加密的手段，保證不洩露，在數據安全問題上，採取

硬備份和軟備份的方法，確保數據的完整，防止數據被破壞。在眾多小的環節上也應採用較為嚴密的技術手段，保證信息傳輸的完整性、安全性、保密性。基於銀行信用卡、借記卡的網上支付可以通過與擁有技術經驗和實力的銀行與技術公司的緊密合作建立完整的支付平臺進行。在具體操作的過程中，各種銀行卡信息通過平臺的加密打包被直接傳送到銀行，由銀行確認的支付結果也是通過次平臺轉換並解密傳給用戶。

3.3.2.5 建立策劃文檔

3.3.2.5.1 網站技術解決方案

根據網站的功能確定網站技術解決方案，應重點考慮下列幾個方面：
- 採用自建網站伺服器，還是租用虛擬主機。
- 選擇哪種操作系統。
- 採用何種系統性的解決方案，如電子商務解決方案。
- 採用何種網站安全性措施，如防黑、防病毒方案。
- 採用何種相關程序開發，如網頁程序 ASP。

3.3.2.5.2 網站測試和發布

在網站設計完成之後，應該進行一系列的測試，當一切測試正常之後，才能正式發布。主要測試內容包括：
- 網站伺服器的穩定性、安全性。
- 各種外掛、數據庫、圖像、連結等是否工作正常。
- 在不同接入速率情況下的網頁下載速度。
- 網頁對不同瀏覽器的兼容性。
- 網頁在不同顯示器和不同顯示模式下的表現。

3.3.2.5.3 網站維護

網站發布之後，還要定期進行維護。主要包括下列幾個方面：
- 伺服器及相關軟硬件的維護，對可能出現的問題進行評估，制定回應時間。
- 網站內容的更新、調整等，將網站維護製度化、規範化。

3.3.2.5.4 目標市場

永遠向客戶提供最新的可靠的產品打折信息。

3.3.2.5.5 價格策略

可採用如成本導向定價法，即按照單位成本加上一定的百分比的提成來制定銷售價格。

3.3.2.6 網站項目實施計劃

3.3.2.6.1 費用評估

- 企業建站費用的初步預算：一般根據企業的規模、建站的目的、上級的批准而定。
- 專業建站公司提供詳細的功能描述及報價，企業進行性價比研究。
- 網站建設的費用一般與功能要求是成正比的，從幾千元到上百萬元不等。

通常認為企業的網站無論大小，必須有排他性，如果千篇一律對企業形象的影響極大。

3.3.2.6.2　任務的分解

企業網站建設方案的策劃主要目的在於，能夠通過網站首頁、公司簡介、產品服務信息，讓客戶清楚瞭解公司產品以及服務信息情況。網站欄目應清晰明了，網站本身就是為了服務企業，為企業進行宣傳。欄目之間的設定都是在服務於如何讓網站更吸引客戶，更能抓住客戶的心，方便客戶瀏覽網站。策劃方案還可以反應出網站框架設計是否合理、預計能夠達到什麼效果，以及後期網站推廣工作安排。

其一般將任務分解如下：

(1) 網站後臺初步設計。

企業的產品或者服務在不斷的增加和完善，為了方便使用者更新網站產品信息或者服務信息，後臺需要為客戶搭建一個管理平臺，設置產品以及產品分類、增加、刪除、修改等功能。

(2) 在線留言以及網站公告。

通過在線留言可以建立與客戶之間溝通媒介，很多企業網站都忽略了這點。網站公告可以在第一時間告訴客戶企業新品的發布以及企業動態，這樣，當自己有新產品推出的時候，總是會第一時間通知這些客戶，這也是提高客戶服務質量的一種手段。

(3) 網頁美術設計要求。

網頁美術設計一般要與企業整體形象一致，要符合企業 CI 規範。要注意網頁色彩、圖片的應用及版面策劃應保持整體一致性。在新技術的採用上要考慮主要目標訪問群體的分布地域、年齡階層、網路速度、閱讀習慣等。制訂網頁改版計劃，如半年到一年時間進行較大規模改版等。

(4) 網站維護。

・伺服器及相關軟硬件的維護：對可能出現的問題進行評估，制定回應時間。

・數據庫維護：有效地利用數據是網站維護的重要內容，因此應重視數據庫的維護。

・內容的更新、調整等。

・制定相關網站維護的規定，將網站維護製度化、規範化。

註：動態信息的維護通常由企業安排相應人員進行在線的更新管理；靜態信息（即沒用動態程序數據庫支持）可由專業公司進行維護。

(5) 網站測試。

網站發布前要進行細緻周密的測試，以保證正常瀏覽和使用。主要測試內容如下：

・文字、圖片是否有錯誤。

・程序及數據庫測試。

・連結是否有錯誤。

・伺服器穩定性、安全性。

・網頁兼容性測試。

(6) 網站發布與推廣

3.3.2.6.3 資源的匹配

(1) 運行環境要求。

逐項列出能夠影響整個項目成敗的關鍵問題、技術難點和風險，指出這些問題對項目的影響，包括：

・系統功能。

・系統性能：精度、時間特性要求、可靠性、靈活性。

・輸入輸出要求。

・數據管理能力要求。

・故障處理要求。

・其他專門要求。

(2) 運行環境。

・操作系統：如 Windows 2000 server。

・數據庫平臺：如 MS SQL2000 /Access。

・網路環境：需要有專線連接互聯網，或在 ISP/IDC 處託管伺服器，對本系統的運行環境（包括硬件環境和支持環境）的規定，Windows NT 或 Windows2000 網路，TCP/IP 協議。

・系統硬件及軟件環境圖表，包括設備、支持軟件、接口等。

3.3.2.6.4 網站上線策劃

(1) 網站運行狀況監控目的。

網站監控服務，是使網站維護人員能隨時掌握網路和服務的運行狀況、性能狀況、ISP 的服務質量以及終端用戶在網站的訪問體驗，確保管理員先於用戶知道網路的問題和性能故障。增強應急處理能力，提高管理效率。

(2) 主要對象。

網路設備監控、伺服器性能監控、服務運行情況監控、網站文件修改監控、網站流量分析、監控結果記錄匯報等。

(3) 發生的主要故障。

主要故障包括域名解析錯誤、伺服器異常死亡、後臺數據庫出錯等。故障解決基本步驟是：根據故障問題所在，借助一定的軟件硬件工具來判斷故障發生的原因；進行常見故障應急處理，恢復系統正常功能；盡快解決不能即時解決的問題，並對這種故障採取避免再次發生的防範措施。

(4) 網站管理常用的手段

網站日誌分析、訪問時段統計報告、訪問人群報告、訪問資源分布、瀏覽器和平臺統計、連接關鍵詞統計、錯誤統計報告、工具報告等。

(5) 網站發布信息控製。

對准許發布聯繫方式的特殊內容進行監控；BBS 中對交流內容和發布信息的內容監控；網站安全監控、管理；系統監控管理。

3.3.2.7 網站的推廣策劃

通常，網站的推廣策劃應包括的內容如表 3-1 所示。

表 3-1　　　　　　　　　　網站推廣策劃項目表

序號	推廣方式	說明
1	搜索引擎推廣	同新浪、搜狐等搜索引擎商合作，進行推廣型網站登錄；同百度競價排行搜索引擎商合作，使本網站在數百家信息網站的同類行業搜索中排名前列
2	商務信息平臺發布	同阿里巴巴等商務平臺合作，定期發布本網站信息，使網站及時有效地出現在廣大消費者眼前
3	行業連結	廣泛尋求同行網站聯盟，進行行業連結
4	郵件列表	利用電子郵件許可行銷，對本網站進行有針對性、廣泛性的電子郵件推廣
5	有獎活動推廣	策劃開展系列有獎活動，在各大網站和平臺宣傳、推廣網站和企業形象。
6	商務軟件推廣	利用網路行銷商務軟件，將網站信息發布到各大行業供需平臺
7	網路媒體宣傳	充分利用新型社會化媒體，如微信、微博等進行公關稿寫作，在各網路媒體發布；此外，通過軟性廣告對網站進行宣傳推廣

3.3.3 網上商城

網上商城的策劃書通常應包括幾個方面，如圖 3-11 所示。

圖 3-11　網上商城營運策劃視圖

3.3.3.1 行業背景分析

電子商務能在最廣闊的領域裡，以最高的效率連接全球供求市場，在世界範圍內捕獲更多的商業機會，從而增強企業乃至國內經濟的綜合競爭力。在新經濟的迅猛發展中，電子商務的發展的確是不可忽視的戰略性問題，然而，中國電子商務的前景到底如何呢？

因此，項目策劃應首先從中國電子商務的背景開始分析，通常包括全國及區域電子商務的基礎設施、網購人群、具體到某行業的發展現狀及未來趨勢等。

3.3.3.2 商城可行性分析

主要對消費者群體進行分析。如可以按照職業劃分成大學生群體、白領群體、農民工群體、教育工作者群體等；或按照年齡劃分的青少年群體、中青年群體、老年群體等。具體分析每種消費群體的生活狀態、價值取向、消費習慣、行為特徵、消費結構、消費資金情況等。進一步結合自身的產品給出商城的消費者定位、市場規模等。從而進行商城的可行性分析。

3.3.3.3 建站目標

網上商城的建站目標通常包括以下幾個方面：
- 為顧客、商家提供產品或服務的信息交流。
- 讓顧客體驗盡善盡美的網路購物和網路服務。
- 為顧客提供瞭解最前沿資訊的交流平臺，並提供交流經驗的服務平臺。
- 進行市場宣傳，提升品牌形象以及產品形象。
- 進行廣告、市場活動推廣，市場活動包括相關的促銷活動、公關活動，盡量接觸消費者。
- 開展 B2C 或 B2B 交易。

3.3.3.4 網站規劃

網上商城的設計風格通常以網站平臺所屬企業 CI 系統為基礎，以不同訪問者瀏覽習慣為標準進行設計，主要包括色彩、風格等方面。

網站的風格必須要生動活潑，富有創意，吸引瀏覽者停留。根據商業模式和設計風格的不同，可以採用現今網路上流行的 CSS, FLASH, Javascript 等技術進行網站的靜態和動態頁面設計。追求形式簡潔、實用，符合行業客戶的瀏覽習慣，突出功能性和實用性。

一個完善的網上商城系統通常包括：
- 非會員購物功能：無需註冊也可以進行商品購買，這有利於增加商品銷售。
- 預付款購物功能：會員可以有預付款或積分，並可以通過預付款進行購物。
- 會員積分與會員價功能：不同會員將擁有不同積分，屬於不同的會員級

别，從而享有相對應的產品獎勵；會員有相應的會員價格購買商品。

·便捷的商品檢索功能：客戶可以非常便捷地查詢與檢索所需要的產品，系統應提供多種商品檢索方式。

·多種商品分類形式：系統提供多種商品分類方式，可供客戶採用多種方式查詢商品信息。商店提供產品類型分類可包括最新上架商品分類、最新特價商品分類、最新熱賣產品分類等。

·商品排行榜功能：系統自動將商品按人氣值從高至低排列，供客戶瞭解人氣商品排行情況。

·會員中心功能：會員中心包括會員註冊、積分管理、會員身分驗證、會員資料修改、訂單查看、訂單修改、以往購物記錄等功能。

·購物車功能：通過靈活好用的購物車，用戶可即時瞭解當前所購買商品總價，即時對購物車商品進行增刪，即時計算商品總價。

·多種支付選擇：客戶可以選擇從銀行卡匯款、郵局匯款、貨到付款、上門付款、支付寶等主流的支付方式。

·多種配送方式選擇：客戶可以選擇商品的配送方式，比如快遞、平郵、送貨上門等配送方式，系統自動計算相關配送價格（由廠家支付）。

·在線訂單生成：系統將客戶資料、產品資料、總金額、支付方式、配送方式等信息自動生成完善的訂單，並發送到商店管理後臺，供商店管理員即時進行處理。

·商品評論功能：客戶可以就不同商品發表評論，查看其他客戶對商品的評論信息。

·公告查看功能：商店可以發布不同的公告類信息供客戶查看，瞭解商店動態信息、瞭解最新產品信息。

·豐富的產品信息呈現方式：商店採取在線編輯器發布產品信息與動態類信息，客戶可以查看具有豐富表現形式的產品和動態信息。

·順暢的在線購物流程：商店開發最新網路購物流程，讓客戶擁有更為完美的網路購物體驗。

·留言本功能：管理員在後臺審核後在前臺顯示，防止不良信息發布。

·團購訂單管理：系統支持大客戶批發和團隊購買，可以通過前臺針對某種商品進行多數量的預定和發送訂單。

·多種多樣的廣告表現形式：合理安排多處站內廣告，全部支持 Flash 動畫與圖片。

·文章可分類：允許在熱點資訊和購物指南兩個版塊進行下一級的分類。

·管理權限可進行編輯：給商城維護人員分配更細緻的管理權限。

目前比較成熟的建站技術主要有 ASP，PHP 和 JSP。

PHP 是一種跨平臺的伺服器端的嵌入式腳本語言。它大量地借用 C、Java 和 Perl 語言的語法，並耦合 PHP 自己的特性，使 WEB 開發者能夠快速地寫出動態產生頁面。它支持目前絕大多數數據庫。

JSP 是 Sun 公司推出的新一代網站開發語言，JSP 可以在 Serverlet 和 JavaBean

的支持下，完成功能強大的站點程序。

　　ASP 使用 VBScript，JScript 等簡單易懂的腳本語言，結合 HTML 代碼，快速地完成網站的應用程序，且具有無限可擴充性。可以使用 Visual Basic，Java，Visual C++，COBOL 等程序設計語言來編寫我們所需要的 ActiveX Server Component。

3.3.3.5　網站整體佈局

3.3.3.5.1　網站的設計風格

以不同瀏覽者閱讀習慣為標準，多語種網站將按不同語言瀏覽者的瀏覽習慣來設計。例如，中文頁面按照華人的瀏覽習慣設計，英文頁面則按照英語國家瀏覽者的習慣進行設計。

3.3.3.5.2　網站色調

網站設計時要具備標準的圖標風格、統一的構圖佈局、統一的色調。如玫紅色代表炙熱奔放、熱情鮮豔，象徵著愛情的真摯和熱情。藍色代表沉穩氣質，象徵著博大的胸懷、永不言棄的精神、和諧的世界等。

3.3.3.6　系統部分

常見的系統部分設計如圖 3-12 所示。

圖 3-12　系統部分設計圖

3.3.3.7　庫存策略

庫存策略的一般流程如下：

・工作人員根據部門的需要，瞭解消費者對哪一類產品存在需要、何時需要、需要的數量是多少等信息，以確定預測目標，提交採購單，必須註明要求的規格型號。對於各部門經常性採購的物料，要求各部門擬訂月度/季度的需求計劃。

・部門主管根據部門的需求與費用的預算，審核需求。

・採購員根據各部門提交的採購需求，制訂採購計劃。

・採購員根據採購計劃及技術規格資料，確認合適的供應商與價格。

・採購員根據供貨資料與採購的計劃，製作採購訂單。

・部門主管審核單價與採購訂單條款（若按照報價審批進行的價格，按照報價審批價格執行）。若審核不通過，做價格的重新確認。

・需求部門收取供應商貨物，並檢查外觀和簽收送貨單。

・需求部門對物料進行管理，包括物料的登記使用、物料的領用管理等。

3.3.3.8　價格策略

可參考如下的價格策略

起步期：在充分考慮目標市場、市場定位，以及競爭對手情況的前提下，以生存為網路行銷的目標，制定較低的價格、大規模的價格折扣、部分產品低於進價銷售等策略，然後進一步的行銷目標才是市場佔有率擴大。

發展期：以達到市場佔有率的最大化為目標。具體的定價策略為：對於價格敏感的市場採取低價策略，根據經驗降低成本，拉大差價，從中獲取利潤。

成熟期：以達到營業額的最大化為目標，對於價格敏感的市場採取低價策略，對於價格不敏感的市場採取適當高價策略。

3.3.3.9 推廣策略

知名品牌與網站的訪問量之間並沒有必然的聯繫。因此，想要在網路行銷中取得品牌優勢，單靠傳統管道的品牌優勢是不夠的，還要在網路上進行仔細的規劃，努力使產品符合網路受眾對品牌的要求。

企業如何在網路上推廣自己的品牌呢？通常應考慮如下幾點：

（1）選擇合適的品牌元素。

品牌元素，即能鑒定並且使品牌具備差異化的可識別的圖案。大多數知名品牌都擁有多個品牌元素。例如，移動公司神州行的「我看行」，動感地帶的「我的地盤我做主」等品牌元素就充分考慮了不同消費群的特徵。

（2）利用促銷及相關的行銷活動不斷塑造品牌。

採用定期的活動：鼓勵顧客們積極參與，通過網上投票，根據票數，選出最佳參與者，給予相應的鼓勵。

（3）通過完善平臺網站的交互功能來提高網站的品牌知名度。

採用交互式的方式，讓企業的部分網站頁面的顯示由網友來自行編輯。這種技術平臺下，網站可以與客戶之間進行及時有效的溝通，提高企業品牌的生命力、維繫品牌的忠誠度。

3.3.4 B2C 和 B2B 平臺 實驗

本仿真實驗平臺中的 B2C 和 B2B 平臺實驗採取企業在 B2C 和 B2B 平臺上開設自己的店鋪的方式進行品牌和產品的推廣和銷售。其營運策劃常見內容如圖 3-13和3-14 所示。

图 3-13　B2C 营运策划视图

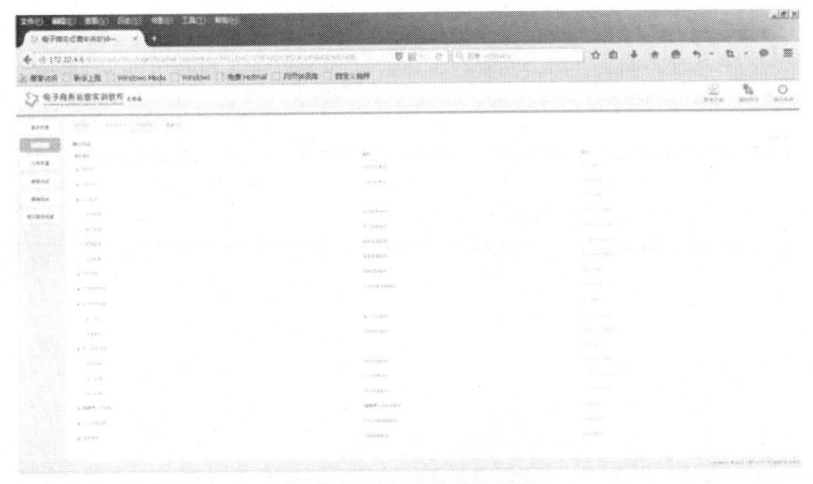

图 3-14　B2B 营运策划视图

可见，B2C 平台和 B2B 平台策划书里包含的内容是相近的，我们在这里统一进行介绍。

3.3.4.1　网店定位

根据企业的战略定位，设定其网店的定位。具体的指标可采用点击率、会员数量、销售额、网站价值等来进行说明。

3.3.4.2　价值分析

产品价值分析目的主要有以下几个方面：

・盤點項目資源，反應項目的客觀條件，提煉完整的項目資源體系。

・提煉項目的核心影響因素，為項目後續戰略戰術的研究與落實打下基礎，預先揭示可能的問題，提供框架性的指引。

・根據項目屬性，從市場的角度驗證初判結論。

・強化優勢，規避劣勢，指導項目行銷方向。

3.3.4.3 站點管理

3.3.4.3.1 樣式管理

樣式管理應著重描述清楚店鋪的設計風格，示例如圖 3-15。

店名：XXX。

設計風格：版頭主要以花的海洋為特色，使用繽紛開放的大束鮮花為底圖，表現春天的氣息，中間配以青春女性的形象，表現店鋪產品以青春女裝為主。

圖 3-15 店鋪樣式設計示例

（1）店鋪 Logo

為突出青春、朝氣、活力的服飾，店鋪 Logo 以綠色草地為底色，直接配以白色字體。

（2）Banner 的設計。

Banner 設計以薰衣草花海為底圖，結合網店 Logo，還有特價商品活動，再添加閃爍的光暈和泡泡來修飾圖片。

（3）商品分類：將產品進行分類，目的是讓顧客對網店所銷售的產品種類一目了然，也方便了購物目的明確的顧客搜尋他們需要的商品。

（4）促銷廣告：主動出擊找客戶。參加社區活動、論壇發貼和回貼、群發軟件推銷、店鋪留言、評價留言、友情連結、買一贈一等活動。同時也可策劃底價促銷產品來吸引客戶，提高人氣。

3.3.4.3.2 數據管理

這裡需要給出網店的數據管理方式。目前的數據管理方式主要有以下幾種：

（1）直接使用平臺所提供的數據管理工具，進行物流、支付、用戶數據等的數據管理。此種方案比較簡單易行，但數據的並發性和數據分析的類項受到平臺的影響和限制。這種方式通常適用於初始創業的小型企業或個人網店銷售者。

（2）購買市場上相對成熟的數據管理軟件，實現與平臺數據的對接。通常，圍繞著規模較大的平臺，都有一些專業的公司提供數據管理的軟件，用於實現平臺數據到企業內部數據的移植、處理、存儲等。這種方案可以部分地解決用戶數據的並發性，同時完成企業對數據的一些個性化需求，並且對企業的軟件開發技術及資金的要求都不太高。因此，適合一些中小型企業使用。

（3）自行開發設計相應的數據管理系統，與平臺開放接口進行對接，使得網店的用戶、物流等數據保存在自己的平臺上，利用自己開發的工具進行數據的分析和挖掘。此種方案通常會對企業的資金和技術能力提出較高的要求。因此，該

種方式通常適合一些專業的中型或大型公司使用。

3.3.4.3.3　安全管理

安全包括兩個方面：

（1）網路安全：可採用防火牆、安全路由器、物理隔離設備等。

（2）數據安全：身分認證、權限控製、數據加密、病毒防範等，此外還應配備數據備份和數據恢復技術，如雙硬盤、鏡像網站等，以保證數據的絕對安全。

3.3.4.4　購物流程

一般的購物流程如圖3-16所示。

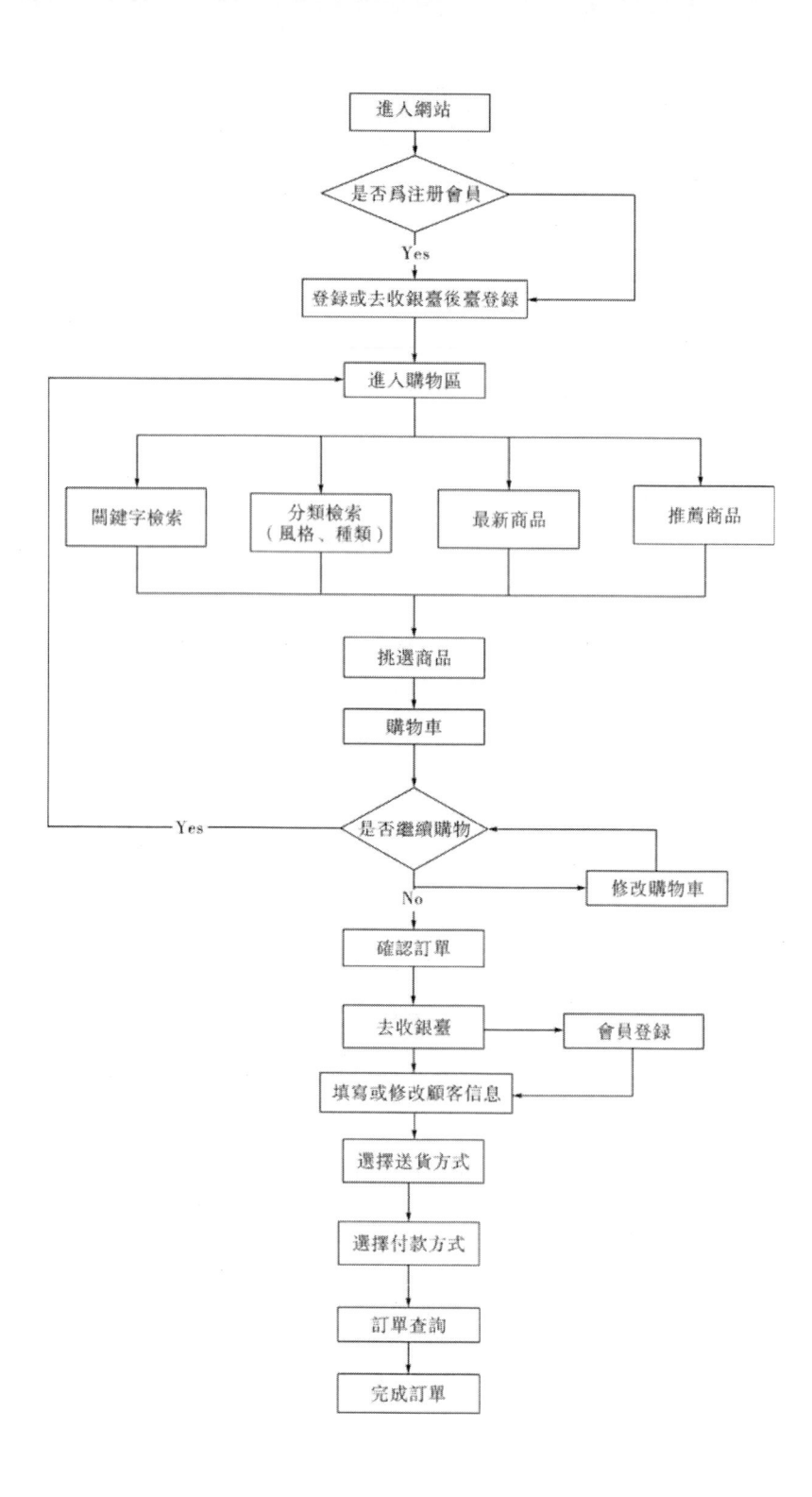

```
                    ┌──────────┐
                    │ 進入網站 │
                    └────┬─────┘
                         ▼
                 ╱─────────────╲
         ┌──────╳ 是否為註冊會員 ╳──────┐
         │      ╲─────────────╱       │
         │ Yes                         │
         ▼                             │
  ┌──────────────────────┐             │
  │ 登錄或去收銀臺後臺登錄 │             │
  └──────────┬───────────┘             │
             ▼                         │
       ┌──────────┐◄───────────────────┘
  ┌───►│ 進入購物區 │
  │    └─────┬────┘
  │    ┌─────┼─────┬─────────┐
  │    ▼     ▼     ▼         ▼
  │ ┌─────┐┌──────┐┌──────┐┌──────┐
  │ │關鍵字││分類檢索││最新商品││推薦商品│
  │ │檢索 ││(風格、││      ││      │
  │ │    ││ 種類)││      ││      │
  │ └──┬──┘└───┬──┘└───┬──┘└───┬──┘
  │    └───────┴───┬───┴───────┘
  │                ▼
  │          ┌──────────┐
  │          │ 挑選商品 │
  │          └─────┬────┘
  │                ▼
  │          ┌──────────┐
  │          │ 購物車  │
  │          └─────┬────┘
  │                ▼
  │        ╱─────────────╲      ┌──────────┐
  │  Yes  ╳ 是否繼續購物 ╳◄─────│修改購物車│
  └───────╲─────────────╱       └──────────┘
                │ No
                ▼
          ┌──────────┐
          │ 確認訂單 │
          └─────┬────┘
                ▼
          ┌──────────┐    ┌──────────┐
          │ 去收銀臺 │───►│ 會員登錄 │
          └─────┬────┘    └─────┬────┘
                ▼◄──────────────┘
       ┌──────────────────┐
       │填寫或修改顧客信息│
       └─────────┬────────┘
                 ▼
          ┌──────────────┐
          │ 選擇送貨方式 │
          └───────┬──────┘
                  ▼
          ┌──────────────┐
          │ 選擇付款方式 │
          └───────┬──────┘
                  ▼
          ┌──────────┐
          │ 訂單查詢 │
          └─────┬────┘
                ▼
          ┌──────────┐
          │ 完成訂單 │
          └──────────┘
```

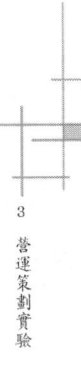

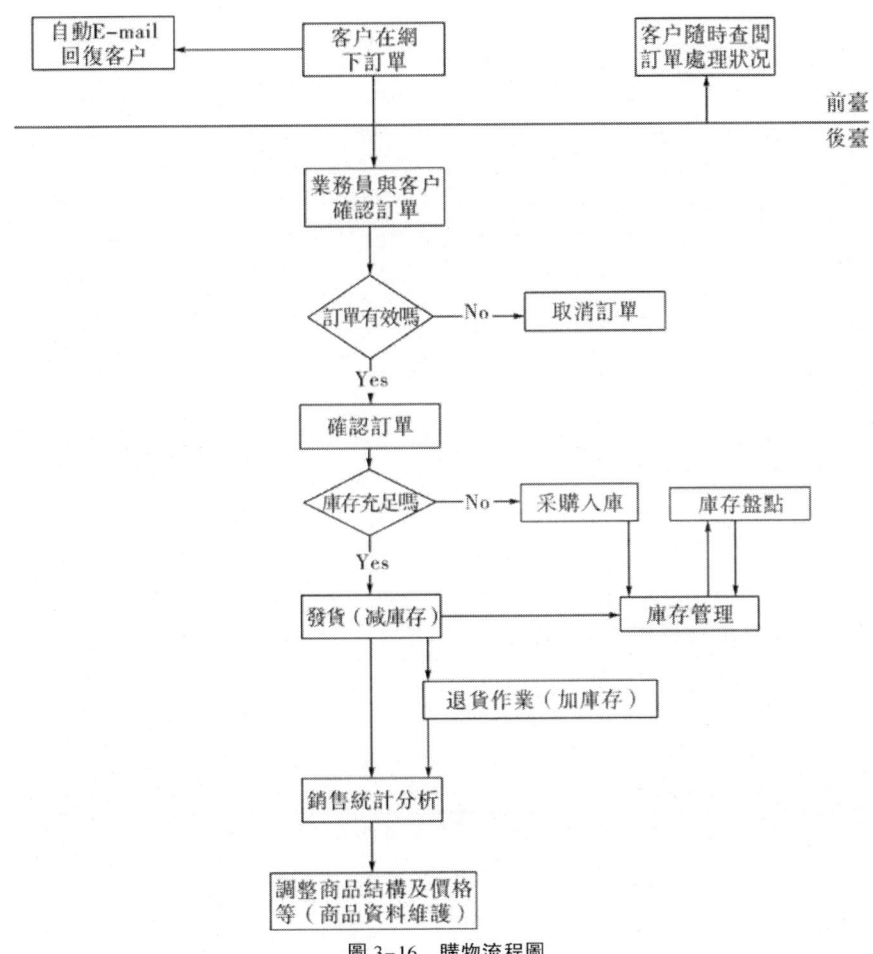

```
┌──────────┐      ┌──────────┐              ┌──────────┐
│自動E-mail│      │客戶在網  │              │客戶隨時查閱│
│回復客戶  │      │下訂單    │              │訂單處理狀況│
└──────────┘      └──────────┘              └──────────┘
```

圖 3-16　購物流程圖

3.3.4.5 訂單管理流程

為規範網店的產品訂單，加強銷售、技術生產、物流等部門之間的溝通，協調工作效率，保障單據的有效傳遞，促進產品快速有效的流通，各網店可結合其銷售管理的相關設計，開發訂單管理流程。一般的訂單管理流程如表 3-2 所示。

表 3-2　　　　　　　　　　　訂單管理流程

序號	流程	說明	權責部門	相關表單
1	行銷推廣活動	在客戶下訂單前，與相關客戶進行溝通，回答客戶對於產品的系列問題	售前客服	訂貨單

表3-2(續)

序號	流程	說明	權責部門	相關表單
2	接到訂單、審核訂單	接到訂單後需要對訂單進行審核。如果遇到訂單產品無法滿足客戶需求或其他錯誤信息，需要與客戶進行深入的溝通和交流	售前客服	
3	盤點庫存、協調發貨及進貨	向物資部門瞭解產品的庫存情況，核對配貨的品名、規格、型號、數量等內容。核對無誤後在承諾的發貨期聯繫相關物流進行發貨，並做好發貨記錄。同時當商品庫存降低到一定程度時，給出進貨通知提醒	物資人員	訂貨單、發貨單
4	跟蹤物流	及時查詢物流情況，瞭解商品的送達情況，根據需要，提醒客戶進行收貨	物資人員	訂貨單、發貨單、收貨回執

3.3.4.6 網店行銷與推廣

品牌與網站的訪問量之間並沒有必然的聯繫。因此，想要在網路行銷中取得品牌優勢，單靠傳統管道的品牌優勢是不夠的，還要在網路上進行仔細的規劃，努力使產品符合網路受眾對品牌的要求。

企業在網路上推廣自己的品牌時，通常需要考慮以下幾點：

（1）選擇合適的品牌元素。品牌元素，即能鑒定並且使品牌具備差異化的可識別的圖案。大多數知名品牌都擁有多個品牌元素。例如，移動公司神州行的「我看行」，動感地帶的「我的地盤我做主」等品牌元素就充分考慮了不同消費群的特徵。

（2）利用促銷及相關的行銷活動不斷塑造品牌。採用定期的活動：鼓勵顧客們，積極參與，通過網上投票，根據票數，選出最佳參與者，給予相應的鼓勵。

（3）通過完善平臺網站的交互功能來提高網站的品牌知名度。採用交互式的方式，讓企業的部分網站頁面的顯示由網友來自行編輯。這種技術平臺下，網站可以與客戶之間進行及時有效的溝通，提高企業品牌的生命力、維繫品牌的忠誠度。

3.3.4.7 客戶服務管理

3.3.4.7.1 物流管理

（1）公司初期物流建設。

當公司處於剛剛起步的階段，資金有限，在物流方面有兩種可供選擇的形式：

· 倉儲和配送均外包。該方式有別於現在B2C的物流操作模式，將倉儲也外包給第三方物流公司。此方式的優點是利用第三方公司在倉儲方面的經驗，快速、有效地開展貨物倉儲配送，在開始B2C時不僅成本低，而且不會影響用戶的

體驗。成功案例代表有湖南衛視「快樂購」。

・倉儲自建，配送外包。此種方式是目前大 B2C 網站普遍採取的方式，其多在重點城市自建物流配送團隊。優點是成本低，能實現快速配送，顧客體驗好。

（2）公司成熟期物流體系建設。

可以從以下幾個環節著手建設公司高效合理的物流配送中心：

・物流配送中心的選址。配送中心根據管道的網點設置，位置的選擇應該科學合理。依照管道、銷售數量多少和分布廣泛程度，可以依次建立一級配送中心和二級配送中心。管道的位置一般盡量設在靠近配送中心的區域之內，並且均勻散布，既有利於供貨，又有利於管道之間相互調貨。同時採用數學方法確定合理佈局和最優配送路線，縮短商品在途時間，盡量減少中間環節，以最低的貨損、最高的效率使配送成本達到最小，實現企業規模經營的最大利潤。

・選擇物流配送中心的模式。配送中心主要有三種模式：自建配送中心、代理性配送中心、聯建配送中心。自建配送中心比較多見，具有自助獨立、管理方便等優越性，但是需要投入大量的資金。代理性配送中心能夠實現社會的最大效益，但容易造成企業自身的資源閒置。聯建配送中心是運用多個行業管道的資源，聯合建設配送中心，發揮各自的優勢，節約物流建設的投資，實現企業經營與配送中心同步發展。

・提高物流配送中心的科技水平。入庫的服裝商品放置在入口處的傳送帶上，然後計算機系統根據讀取的物流標籤機型分揀，這種分揀設備帶有臨時保管功能，貨物從分揀設備中按照種類的不同一次輸出，再按照門店、櫃臺等進行分揀，然後檢查、貼價格籤、打包、發貨。在出口處，火車車廂與其緊密相連，最後由駕駛員進行裝車。整個流程的特徵是高度自動化。簡潔、快速、準確，實現了上午訂貨、當天出庫、次日到達的最省時的配送體系。

3.3.4.7.2 支付管理

需要設計一套完整的支付管理組合方案，通常包括網上銀行、信用卡支付、第三方平臺支付和貨到付款四種方式。

（1）網上銀行。

網上銀行，又稱網路銀行或在線銀行，是利用互聯網作為其產品、服務和信息的業務管道，向其零散客戶和公司客戶提供服務的銀行。它通過虛擬銀行櫃臺，以低廉的成本、簡便的手續、靈活的方式、齊全的功能，為客戶提供高效、便捷的服務。網上銀行又被稱為「3A 銀行」，即在任何時間、任何地點，以任何方式享受銀行提供的金融服務。

網銀轉帳是指電子商務的交易通過互聯網，利用銀行卡進行支付的方式。消費者通過互聯網向商家訂貨後，在網上自行操作付款給商家，完成支付。銀行卡網銀轉帳存在著安全和便捷兩方面的矛盾，為了確保銀行帳戶的安全，需要啟用移動證書保護、下載指定軟件等多道手續。

網上銀行具有以下幾個鮮明的特點：

・依託計算機、計算機網路與現代通信技術。

・銀行業務直接在互聯網上推出。

・支持企業用戶和個人用戶開展電子支付和電子商務。
・採用多種先進技術來保障交易安全。

(2) 信用卡支付。

信用卡支付主要有POS機刷卡、電話支付、網上支付三種形式。其中網上支付方式則需要輸入卡號、有效期、姓名、校驗碼等資料文字。信用卡支付通常可提供較高的安全性，但需要安裝專門的系統。

(3) 第三方支付。

第三方支付平臺是一些和產品所在國家以及國內外各大銀行簽約，具備一定實力和信譽保障的第三方獨立機構提供的交易支持平臺。

第三方支付通常的流程為：客戶和商家都要在第三方支付平臺處開立帳戶，並將各自的銀行帳戶信息提供給支付平臺的帳戶中；買方選購商品後，使用第三方平臺提供的帳戶進行貨款支付，由第三方通知賣家貨款到達，進行發貨；買方檢驗物品後，就可以通知付款給賣家，第三方再將款項轉至賣家帳戶。如圖3-17所示。

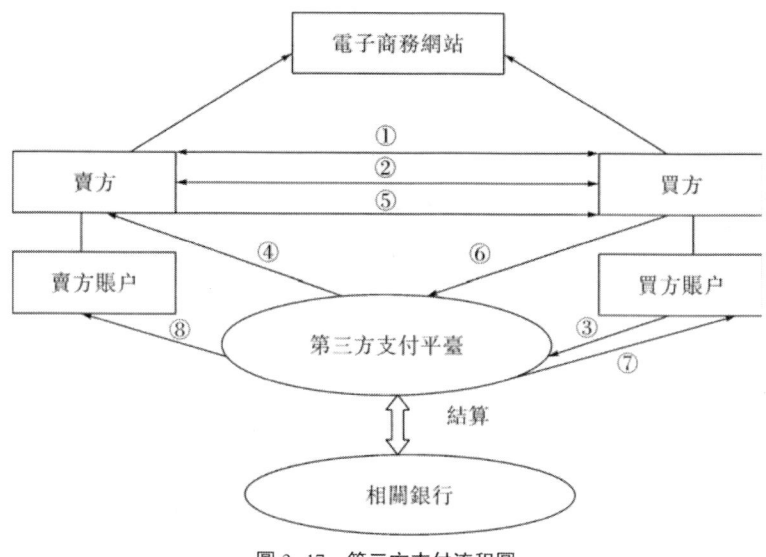

圖3-17　第三方支付流程圖

第三方支付方式有效地降低了網上購物的交易風險，解決了電子商務支付過程中的一系列問題，例如：安全問題、信用問題、成本問題。其主要特點如下：

・比較安全：信用卡信息或帳戶信息僅需要告知支付仲介，而無需告訴每一個收款人，大大減少了信用卡信息和帳戶信息失密的風險。

・支付成本較低：支付仲介集中了大量的電子小額交易，形成規模效應，因而支付成本較低。

・使用方便：對支付者而言，他所面對的是友好的界面，不必考慮背後複雜的技術操作過程。

・支付擔保業務可以在很大程度上保障付款人的利益。

・平臺要求高：付款人的銀行卡信息將暴露給第三方支付平臺，如果這個第三方支付平臺的信用度或者保密手段欠佳，將帶給付款人相關風險。

・法律有待健全：第三方結算支付仲介的法律地位缺乏規定，一旦該仲介破產，消費者所購買的「電子貨幣」可能成破產債權，無法得到保障。

目前主要的第三方支付平臺有支付寶、財務通、銀商、快錢、匯付天下、易寶支付、環迅支付、京東支付等。

(4) 貨到付款。

貨到付款是指客戶訂購商家的貨物以後，商家直接把客戶所訂購的貨物按照客戶所給地址送貨上門，客戶在確認貨物無誤後直接交納貨款的一種付款方式。目前，很多電子商務網站都開始支持這種支付方式，如京東、當當等。該種支付方式本質上屬於賒帳的一種，因此通常建議商家建設自己的物流體系，從而保證物流的速度，以控製貨款收取的及時性。

目前，貨到付款通常支持現金交易、POS刷卡消費等方式。

3.3.4.7.3　評價管理

以淘寶網上的評價管理為例。

淘寶會員在淘寶網每使用支付寶成功交易一次，就可以對交易對象作一次信用評價。評價分為「好評」「中評」「差評」三類，每種評價對應一個信用積分，具體為「好評」加一分、「中評」不加分、「差評」扣一分。如果客戶要評價，需要在交易創建後3~45天之內評價，可以在「我的淘寶→給我的買/賣家打分」中來完成評價。

在「我的淘寶」下的「信用管理」下的「評價管理」中可以查看評價。嚴格意義上來說買賣雙方的信譽度是要在每完成一次交易後對對方互相評價形成。只有「好評」才有個積分，如果都是「好評」的話其信譽度就是100%，「中評」和「差評」則會影響其信譽度。

3.3.4.8　SWOT分析報告

SWOT分析法是用來確定企業自身的競爭優勢（Strengths）、競爭劣勢（Weaknesses）、機會（Opportunities）和威脅（Threats），從而將公司的戰略與公司內部資源、外部環境有機地結合起來的一種科學的分析方法。

SWOT分析法基於內外部競爭環境和競爭條件下的態勢分析，將與研究對象密切相關的各種主要內部優勢、劣勢和外部的機會和威脅等，通過調查列舉出來，並依照矩陣形式排列，然後用系統分析的思想，把各種因素相互匹配起來加以分析，從中得出一系列相應的結論，而結論通常帶有一定的決策性。

SWOT分析法從某種意義上來說隸屬於企業內部分析方法，即根據企業自身的既定內在條件進行分析。從整體上看，SWOT分析可以分為兩部分：第一部分為SW，主要用來分析內部條件；第二部分為OT，主要用來分析外部條件。利用這種方法可以找出對自己有利的、值得發揚的因素，以及對自己不利的、要避開的東西，發現存在的問題，找出解決辦法，並明確以後的發展方向。根據這個分

析，可以將問題按輕重緩急分類，明確哪些是急需解決的問題、哪些是可以稍微拖後一點兒的事情、哪些屬於戰略目標上的障礙、哪些屬於戰術上的問題，並將這些研究對象列舉出來，依照矩陣形式排列，然後用系統分析的思想，把各種因素相互匹配起來加以分析，從中得出一系列相應的結論。結論通常帶有一定的決策性，有利於領導者和管理者做出較正確的決策和規劃。

以女裝企業 A 企業的 SWOT 分析為例。如表 3-3 所示。

表 3-3　　　　　　　　　　A 企業 SWOT 分析表

	優勢（Strength） 清晰的戰略定位； 良好的團隊建設； 一定的產品品牌知名度； 優質的服務	**劣勢**（Weakness） B2C 網站開啓後，需要一個過程被消費者認可
機會（Opportunity） 新消費模式的出現； 網上 B2C 具有巨大的發展空間； 女性消費更趨向於「體驗式消費」	SO 抓住網上 B2C 新發展模式，佔據先機； 快速擴大企業和網站品牌知名度，做同類鰲頭； 累積資本，尋找穩定長足的發展戰略	WO 擴大新消費群體，滿足顧客需求，增加消費人群； 加強顧客溝通，提高消費者品牌忠誠度
威脅（Threats） 傳統企業的發展； B2C 門檻過低，存在大量新競爭者； 已有的 B2C 企業正發展壯大	ST 細分市場，抓住針對的消費群體； 通過自身快速發展，推廣網站品牌； 提高公司公關能力，建立良好的客戶關係	WT 避免與發展起來的強勢 B2C 直接競爭； 通過對上下游產業鏈的控製，保證產品質量； 充分的市場調查，保證優質服務

3.3.4.9　產品營運週期

如果把產品比作一個人的話，可把產品週期分成童年、少年、青年、壯年、暮年，好的產品在每個階段都有著不同的特點。

（1）有趣的童年。好玩和新奇是新產品迅速吸引用戶的必備要素，正是用戶的獵奇心理，讓不少產品得以大紅大紫。創業者應該根據市場需求，迎合用戶的心理來做產品，如果產品不夠新穎，生不逢時，甚至是硬生生的模仿，那麼「死於襁褓之中」也不足為奇。

（2）有志的少年。吸引用戶很容易，留住用戶卻很難。在免費至上的互聯網時代，產品週期太短，盈利也就無從談起。想要留住並培養起一批忠實的用戶，產品的持續創新顯得至關重要，無論是服務上的完善還是功能上的擴展。一款好產品在前期吸引到大量用戶後必須投入更多的資金來保證產品質量，維繫用戶數量，避免夭折。

（3）有為的青年。一款產品的中期是嘗試盈利的最佳時間，用戶相對穩定，產品質量逐漸趨於上乘。要給投資人一張滿意的答卷，那麼有為就顯得特別重要。中期是一款產品最受投資人看重的時期，也是對創業者挑戰最大的時期，能

不能做到有為關係到產品的生死。

（4）有度的壯年。能活到壯年而沒有被大公司收購的產品並不多，但留下來的絕對是行業的大佬級「人物」。度量是一個產品乃至一個企業能夠立足的關鍵。當你擁有著大量的用戶，有著雄厚的資源，那麼你就應該讓自己從封閉走向開放。給新來者一個機會也是給自己留條後路，互聯網上沒有永遠的巨頭，故步自封是沒有出路的。創業者應當把握住有限的開放資源，做大自己，努力成為未來提供開放服務的一員。

（5）有德的暮年。沒有什麼產品是長久不衰的。一款產品到了暮年，有德便尤為重要。有德是有度的升級，不僅要把資源分享出來，更要甘為人梯，為新產品提供服務。

3.3.4.10 營運費用

3.3.4.10.1 企業財務

企業的生產經營活動最終都要反應到財務成果上來。財務管理是一項需要全盤考慮，統一目標，協調一致的工作。以財務管理為中心要求實現觀念的轉變，把價值管理的觀念落實到企業管理的每一個人、每一個過程和每一個環節。財務管理的各項價值指標是企業經營決策的重要依據。搞好財務管理對於改善企業經營管理、提高經濟效益具有重要的作用。

財務管理是在一定的整體目標下，關於資產的購置（投資）、資本的融通（籌資）、經營中現金流量（營運資金），以及利潤分配的管理。財務管理是基於企業再生產過程中客觀存在的財務活動和財務關係而產生的，是企業組織財務活動、處理與各方面財務關係的一項經濟管理工作。它通過對資金運動和價值形態的管理，像血液一樣滲透貫通到企業的生產、經營等一切管理領域。因此，財務管理不僅是企業管理中相對獨立的方面，也是一項綜合性的管理工作，是企業管理不可缺少的一部分。

3.3.4.10.2 市場調查費用

市場調查通常分為兩部分：網上調查和實地訪查。具體的調查費用包括：

· 調查問卷設計費、測試費、印刷費。

· 調查實施費，具體包括交通費、調查員勞務費、管理督導人員勞務費、禮品或謝金費、復查費等。

· 數據統計分析費，包括上機、統計、製表、作圖及購買必需用品等費用。

· 資料費、複印費、通信聯絡等辦公費用。

· 專家諮詢費。

· 組織、公關、協作人員勞務費。

· 管理費及稅金，屬涉外或有特殊規定的調查項目還需支付報批、審批費用。

3.3.4.10.3 網站建設相關費用

· 設備費。設備費包含以各種方式接入互聯網所必須的各種設備的費用和使用互聯網時所要使用的各種類型的終端、微機、工作站、伺服器等的費用；如使

用微機撥號入網的方式，設備費包括撥號設備如數據機（Modem）、微機的費用。

・通信費。通信費是指為傳輸信息所付的資費（網路設備租用費或網路設備占用費）。通信費分為兩種，即網路經營者向信息提供者（IP）收取的通信費和向信息使用者（用戶）收取的通信費。

・信息費。信息費是經營者為了購買或生產信息所付出的費用。IP 向用戶索取信息費應為：信息費 = 成本+利潤+稅金。

・維護費。我們把網路管理員和站點設計人員的工資以及其他消耗品的費用等稱為正常的維護費。

・伺服器託管費。

3.3.4.10.4　廣告費用

在網路上推廣網站產生的費用：

・找類似「商網找找貨源網」加入網店聯盟，也可以在上面發布交易信息等所產生的費用。

・論壇上發布信息所產生的費用。

・與別的網店互換友情連結所產生的費用。

・購買別的網站廣告位所產生的費用。

・購買網店平臺直通車所產生的費用。

・購買搜索引擎關鍵字所產生的費用。（開戶需 3,000 元或 5,600 元）。

・在各大高校舉行相關活動所產生的費用。

・傳單廣告、報紙廣告、包裝廣告、廣播廣告、電視廣告、霓虹燈廣告櫥窗廣告、贈品廣告/變相廣告等所產生的費用。

3.3.4.10.5　日常費用

・管理費用：公司各部門常發生的各項費用。

・經營費用：經營費用科目用來核算業務部門的所有費用。

・倉儲費用：對貨物進行倉儲所產生的費用。

3.4　討論與思考商品策劃文案

3.4.1　九宮格思考法

拿一張白紙，用筆先畫成 9 宮格，中間那格填上產品名。接下來，在其他 8 格填上可以幫助此商品銷售的眾多優勢。想出優勢之後，重點推敲如何運用。大家知道，推銷就是做包裝，強化優點。但是，優點太多，反而讓消費者沒有了記憶體。通常在海報和推廣圖上，最多不要超過 3 個強化記憶點，在詳情頁上就可以盡可能地展示出重點優勢。

3.4.2　型錄要點延伸法

把該商品型錄上的要點照抄下來，然後在每個要點後加以延伸。簡單地說，就是把產品慢慢地一一介紹和延伸。

3.4.3 三段式寫作法（經典詳情頁專用）

這是仿新聞學中的「倒三角寫作法」。第一段，濃縮要點，因為大多數人沒有耐心看全文。正文則可以考慮點列式或一段文章，這要看個人的文字功底。文字功底欠佳的，就點列式寫出賣點即可。最後一段是「鉤子」，主要任務是要叫人「立即購買」，要強化商品 USP（Unique Selling Point，獨特銷售賣點）、價格優勢或贈品。

濃縮成三句話就是：「看我，為啥買我，必須買我！」

3.4.4 注重 SEO 友好性

策劃網購商品文案要注重 SEO 友好性，即注意搜索引擎的搜索相關性以及搜索模型中的文本模型。

不會寫商品文案的人，文案是寫給自己看的；會寫商品文案的人，文案是寫給目標對象看的；最會寫商品文案的人，文案是寫給目標對象與搜索引擎蜘蛛（Spider）看的。

文案出現的商品名稱最好要完整（包含品牌、中文、英文、正確型號），方便 Google、百度、ETAO 等搜索引擎蜘蛛讀取，且完整商品名的出現頻率至少 2~3 次。

根據搜索引擎工作原理，當搜索關鍵詞在所有寶貝標題中都沒有的時候，搜索引擎會抓取產品屬性和詳情頁中的文案。而且，即使你的關鍵詞在其他同行寶貝標題中出現，只要該關鍵詞在你的詳情中出現頻率較高，也會增加相關性，從而使寶貝排名比其他寶貝更靠前。

3.4.5 好的商品文案需要搭配出色的圖片

商品文案不是寫作。再動人的文案都不如一張有說服力的照片，長篇大論不如圖文並茂。

3.4.6 用文案誘導消費者照「我的建議」購買

優秀的銷售員會用精彩的話術改變你剛進店裡時心中預設的目標商品與預算，他會把顧客引導向高利潤或他最想要銷售的商品，而非你想要的商品。你要不要挑戰看看，你也可以以此為目標，操控消費者的心智，讓他加購配件、買某種顏色商品、買更高規格商品、接受你的預購項目等。

3.4.7 最犀利的商品文案是說出有利的事實

例如這個商品曾得什麼獎？源自哪個知名品牌？是目前那個管道的銷售冠軍？是哪個網站網友口碑最佳的商品？哪個當紅明星代言這個商品？有什麼絕對價格優勢（例如：全網最低價）？

不管你的文案功底如何，如果你的商品有這些優勢，記得時時強調出來。

3.4.8　商品文案隨季節及銷售數字變化不斷變化

　　文案可以有不同版本。在商品銷售之前、全新上市時、商品熱銷時、商品銷量衰退時、商品清倉時的文案都可以不同。差異化的文案會讓店鋪銷售氣氛看上去更濃厚。

4 官方網站建設實驗

4.1 實驗基本信息

4.1.1 實驗目的

建立官方網站是電子商務的最起始形式，也是當前傳統企業開展電子商務的第一步。當前一些較為知名的公司或品牌都有自己的官方網站，如服裝類的依戀品牌、HM 品牌，公司類的長安汽車集團公司等。

官方網站內容通常包括公司動態、產品展示，以及相應的公司文化、招聘、合作等相關信息。本軟件提供了後臺數據管理功能，可以用於設計展示在官方網站前臺的數據。

根據官方網站建設的策劃文案，學生可通過該實驗瞭解官方網站的基本內容、基本操作步驟，從而在實踐中加深對企業建立官方網站的理解。

4.1.2 實驗課時

2 課時。

4.2 老師準備

4.2.1 添加實驗

登錄老師管理後臺，選擇電子商務營運實訓軟件，為班級添加實驗。點擊 新增实验 ，實驗名稱可選擇為「綜合訓練」，依次添加實驗產品「服裝」「鞋包配飾」「運動戶外」「珠寶手錶」「數碼」「家電」等，點擊「開始」後，顯示實驗「進行中」，如圖 4-1 所示，此時學生可以開始實驗。

圖 4-1　實驗開始頁面

4.2.2　查看進度

在實驗過程中，老師可以隨時點擊「進入實驗」，根據學生進度查看所有學生建立的官方網站。當進入到單個學生官方網站時頁面如圖 4-2 所示。

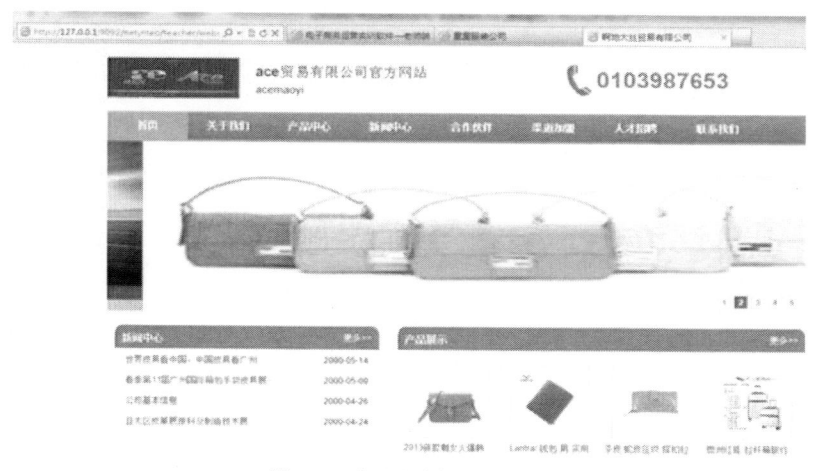

圖 4-2　學生官方網站頁面圖

點擊進入後臺，可以查看該學生的後臺操作數據。

註：老師可以通過「老師端」對學生數據進行操作，包括添加、修改或刪除相應的信息。

4.3 學生實驗步驟

4.3.1 學生登錄

學生完成帳號註冊與登錄後，選擇電子商務營運策劃軟件，進入「綜合實訓」實驗。

進入實驗後，首先完成公司帳號註冊。輸入公司名稱、所在地區、詳細地址，點擊「完成提交」。

在相同初始資金的情況下，每個學生作為一家傳統產品（老師設定、學生自由選擇）銷售公司電子商務部營運經理進入實驗。

4.3.2 進入官方網站

學生完成官網註冊，真實地填寫網站名稱、英文名稱、聯繫人、聯繫電話、聯繫地址、郵編、電子郵件、Logo 圖片、公司簡介、公司理念和公司文化等信息。這些內容都將會在官方網站中顯示出來，需要認真完成。如圖 4-3a、圖 4-3b、圖 4-3c 所示。

在實際的操作中，官方網站域名首先要向相關單位提交申請，註冊域名成功後，才能在域名的基礎上開發設計自己的官方網站。

圖 4-3a　官方網站註冊視圖 a

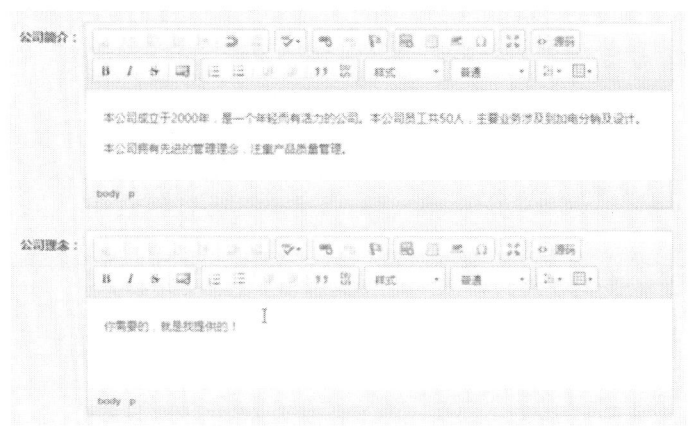

圖 4-3b　官方網站註冊視圖 b

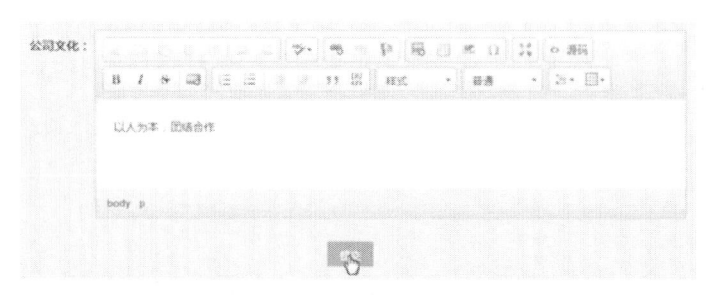

圖 4-3c　官方網站註冊視圖 c

提交完成後，學生可以看到自己的官方網站。如圖 4-4 所示。其中「關於我們」中的公司簡介、公司理念、公司文化和聯繫我們中的內容為註冊時學生提交的信息。

圖 4-4　學生官方網站前臺視圖

4.3.3　進入管理後臺

學生通過點擊官方網站右上角「　進入后台　」，進入管理後臺。如 4-5 所

示。管理部分包括：網站部分、新聞管理、管道加盟、招聘管理、聯繫方式、產品管理、合作夥伴、關於我們及網站管理。點擊右側部分欄中的圖示，可進入相關部分管理。

圖 4-5　官方網站後臺登錄頁面圖

4.3.3.1　網站部分

網站部分管理如圖 4-6 所示。學生可以選擇合作夥伴、管道加盟和人才招聘是否在網站首頁顯示。鼠標移動到部分正中，點擊後顯示為紅色「　」則無法在網站顯示此部分。

圖 4-6　網站部分管理視圖

4.3.3.2　新聞管理

新聞管理部分如圖 4-7a、圖 4-7b 所示。學生可以添加公司新聞、行業新聞和品牌活動動 3 種類型的新聞內容。

圖 4-7a　新聞管理部分視圖 a

圖 4-7b　新聞管理部分視圖 b

提交後可以看到相關新聞。

同時，可以查看「✎」、修改「✐」或刪除「✕」該新聞。

以下給出一些官方網站新聞的案例。如圖 4-8、圖 4-9 所示。

圖 4-8　長安汽車官方網站新聞示例圖

（圖片來源 http://www.changan.com.cn/news/.）

ELAND 回頭率百分百的英倫雙肩包

Date: 2016/1/30　　Posted by: 衣戀　　Category: 品牌資訊

全城熱購咯!閨中商都ELAND特賣咯特賣咯……冬裝低至199元，更有新品羽絨服。大衣一口價低至599元，各種內搭、針織衫，想不到的折扣，想不到的實惠供你選擇!

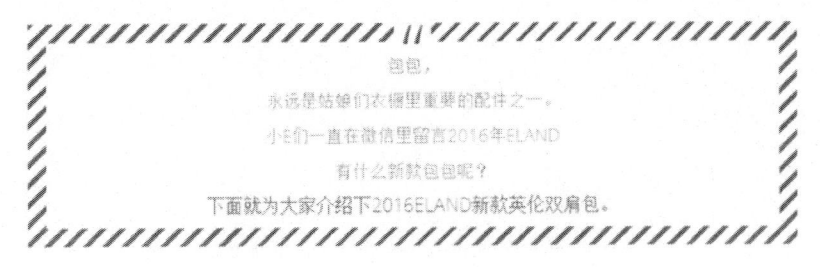

包包，
永遠是姑娘們衣櫥里重裝的配件之一。
小E們一直在微信里留言2016年ELAND
有什麼新款包包呢？
下面就為大家介紹下2016ELAND新款英倫雙肩包。

圖 4-9　ELAND 官方網站新聞示例圖

(圖片來源 http：//www.eland-mall.com/news/774.html.)

4.3.3.3　管道加盟

系統提供了管道加盟的申請頁面。如圖 4-10a 所示。申請者可以通過系統前臺頁面中的「管道加盟」進行申請。

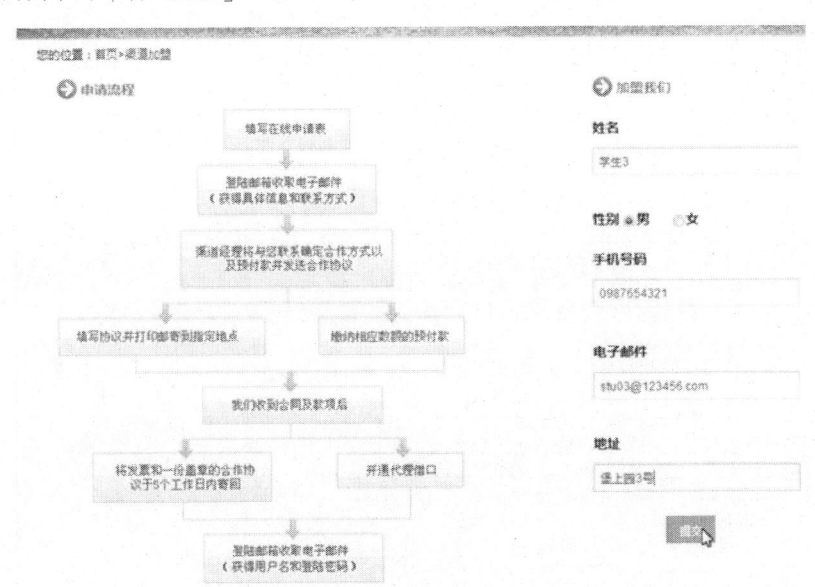

圖 4-10a　管道加盟申請頁面 a

點擊提交後，等待商家的後臺審核。如圖 4-10b 所示。

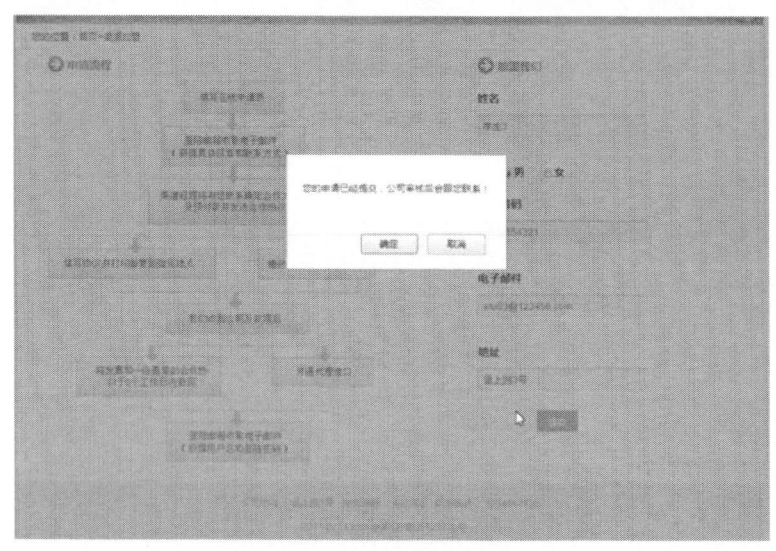

圖 4-10b　管道加盟申請頁面 b

學生可以在後臺查看申請管道合作的客戶信息，也可以刪除管道信息。如圖 4-11 所示。

圖 4-11　管道加盟後臺審核視圖

以下是××汽車公司的管道加盟設置（如圖 4-12 所示）：

> ××汽車在三亞地區誠招經銷商
> 加盟條件：
> 一、對××汽車品牌具有高度認同感，對於發展民族轎車品牌有濃厚興趣
> 二、國家註冊的企業法人
> 三、具備良好的資金實力和銀行資信狀況，企業註冊資金不低於 200 萬元人民幣，用於經營××汽車的流動資金不低於 200 萬元
> 四、具備較強的汽車行銷服務管理水平，具有授權汽車品牌零售及服務的優先考慮
> 五、擁有獨立的經營場地，能滿足長安汽車形象店硬件基本要求
> 六、具備一般納稅人和二類及以上維修資質
> 七、擬建××汽車形象店必須位於當地汽車商圈
> 加盟熱線
> 電話：023-××××××××（工作日）
> 聯繫人：田××（女士）
> ＊註：以上聯繫方式僅用於經銷商加盟，不提供廣告等其他業務聯繫

圖 4-12　××汽車公司的管道加盟設置

4.3.3.4 招聘管理

學生可以發布招聘信息，包括職位、聯繫電話、聯繫人、Email、學歷、發布時間、招聘人數及是否發布在網站頁面的管理。如圖 4-13 所示。

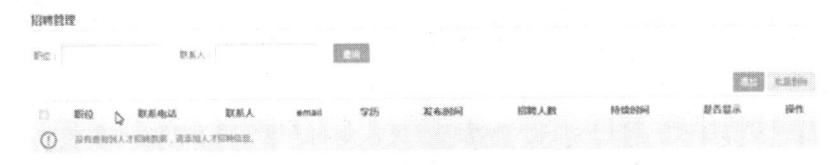

圖 4-13　招聘管理頁面圖

點擊「添加」，可以添加相應的招聘信息。如圖 4-14 所示。

圖 4-14　招聘信息添加視圖

點擊提交後，結果如圖 4-15 所示：

圖 4-15　招聘信息添加提交視圖

同時，可以查看「🔍」、修改「✏」或刪除「✗」該招聘信息。幾種參考的招聘文案設計如圖 4-16、圖 4-17 所示。

圖 4-16　重慶對外經貿集團招聘文案設計圖

（圖片來源：http://www.cftecgroup.com/aspx/default/about.aspx?classid=36.）

招聘職務：iOS 開發工程師
年薪：10 萬~40 萬元
大專及以上 2 年以上經驗，普通話，20~40 歲。
職位描述：
1. 負責 App 客戶端的開發工作，進行軟件設計和編碼實現。
2. 配合產品團隊進行迭代、維護更新、定位並修復現有軟件缺陷。
3. 主導技術難題攻關，解決各類潛在系統技術風險。
4. 主導系統分析與設計工作，承擔核心功能代碼編寫，開發與維護系統公用核心部分。
5. 持續優化系統架構，提升容災容錯能力，保證使用流暢和高可用性。
6. 根據研發過程中的體驗對產品提出建議。
其他信息：
匯報對象：Leader
下屬人數：0 人
所屬行業：互聯網/移動互聯網/電子商……
所屬部門：IT 部門
企業性質：國內上市公司
企業規模：10,000 人以上
專業要求：計算機軟件開發相關專業
薪酬福利：
職位年薪：10 萬~40 萬元
薪資構成：基本薪資 + 獎金/提成
年假福利：國家標準
社保福利：國家標準
居住福利：公積金
通信交通：不確定
補充說明：
1. 大專及以上學歷，計算機軟件開發相關專業，獨立完成 App 研發作品優先。
2. 紮實的 c/c++26 功底、深入理解 Objective-C Runtime 運行機制和內存管理機制。
3. 精通 iOS 應用開發框架以及 iOS 平臺下的 GUI 設計和實現。
4. 精通 iOS SDK 中的 UI、網路、數據庫、XML/JSON 解析等開發技巧。
5. 對 OOD/OOP 有深刻理解，具有良好的代碼編寫習慣，對性能和細節要求苛刻；能夠根據測試用例執行測試。
6. 掌握常用軟件架構模式，熟悉各種算法與數據結構，多線程，Socket 和 http 網路接口編程，熟悉 iPhone APP 客戶端/服務端通信方案。
7. 熟悉應用基本算法/數據結構，熟練掌握 MVC 架構模式及多種設計模式，精通 iOS 系統設計規範。

圖 4-17　某公司招聘條件圖

（圖片來源：https://a.liepin.com/17616854/job_7794597.shtml?mscid=s_00_002&utm_campaign=hjob-040&utm_term=040&utm_content=100090.）

4.3.3.5　聯繫方式

學生可以管理和修改網站頁面顯示的聯繫方式內容。如圖 4-18 所示。

圖 4-18 官方網站聯繫方式頁面

4.3.3.6 產品管理

學生可以對網站顯示的產品信息進行管理，可以添加或者刪除產品內容。點擊「添加」，選擇產品類型，輸入產品名稱，導入產品圖片，編輯產品描述。如圖 4-19 所示。

圖 4-19 官方網站產品管理及添加視圖

點擊提交後產品添加完成。如圖 4-20 所示。

圖 4-20 官方網站產品添加提交視圖

同時，可以查看「✎」、修改「✐」或刪除「✗」該信息。

注意：此處的產品描述表現為一種產品描述文案及產品的廣告文案。該文案設計的好壞往往影響到該產品的實際銷售。這裡通常需要注意以下兩個方面：

（1）先消化產品與市場調查的資料，用嚴謹精練的語言將產品描述下來，這包括產品的特點、功能、目標消費群、精神享受四個方面的內容。

（2）考慮如下問題：「我應該向消費者承諾什麼？」通常若沒有承諾，沒有任何人會買你的商品，承諾越具體越好。「讓你美麗」的承諾不如「消除你臉上的色斑」及「讓皮膚變得潔白、有光澤」來得有力。「為你省錢」不如「讓你省下10元錢」來得有力！不要寫下連你自己都不能相信的承諾，你的承諾靠什麼有保證在文案中要考慮清楚。

以重慶長安公司汽車產品的產品展示為例。如圖4-21所示。

圖4-21 重慶長安汽車產品設計視圖

（圖片來源：http://www.changan.com.cn/k-car/F30.）

4.3.3.7 合作夥伴

班級中所有學生可以互相連結官方網站，在合作夥伴界面學生可以選擇連結的公司。點「➕ 添加合作伙伴」，選擇要連結的公司，如圖4-22所示。

圖4-22　官方網站合作夥伴添加視圖

直接添加你所需的合作夥伴，或者選擇一個或若干個或全部進行批量添加，如圖4-23a、圖4-23b所示。

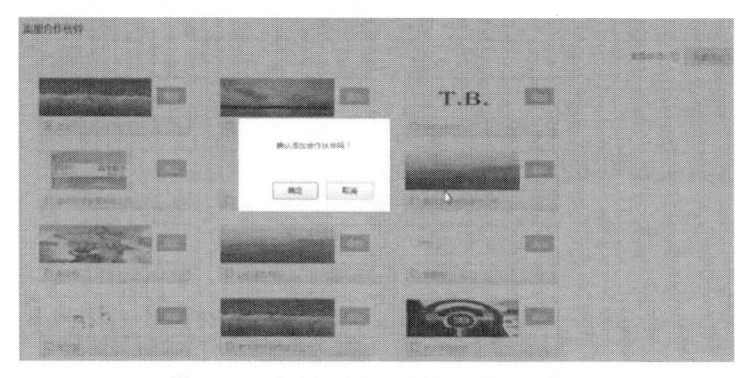

圖4-23a　官方網站合作夥伴添加提交視圖a

圖4-23b　官方網站合作夥伴添加提交視圖b

4.4.4.8 官網廣告

在部分中，我們可以添加在官網首頁循環播放的廣告。如圖 4-24 所示。

圖 4-24　官方網站廣告視圖

點擊「添加」開始添加廣告。如圖 4-25 所示。我們可以依次添加多個廣告，需要注意的是不管我們在後臺上傳了多少張圖片，該系統的首頁最多僅能展示 5 張進行輪播。

圖 4-25　官網廣告添加視圖

4.3.3.9 皮膚更換

系統提供了幾種預設風格的皮膚，學生可以根據自己網站的定位進行選擇。如圖 4-26 所示。

圖 4-26　系統皮膚管理視圖

4.3.3.10 關於我們

學生在註冊網站的時候填入的信息會在此處顯示出來。如圖 4-27 所示。按照系統要求完成公司簡介、公司理念和公司文化的內容編輯。

圖 4-27　官方網站關於我們視圖

4.3.3.11 跟蹤進度

從如下界面可以進行實驗操作，如圖 4-28 所示。

圖 4-28　學生實驗操作頁面

點擊右上角的「　　　」，可以跟蹤進度，如圖 4-29 所示。

圖 4-29　進度跟蹤視圖

其中綠色表示已經完成的進度。

4.3.4 查看前臺頁面數據

返回官網後，可以看到如圖 4-30 的頁面。

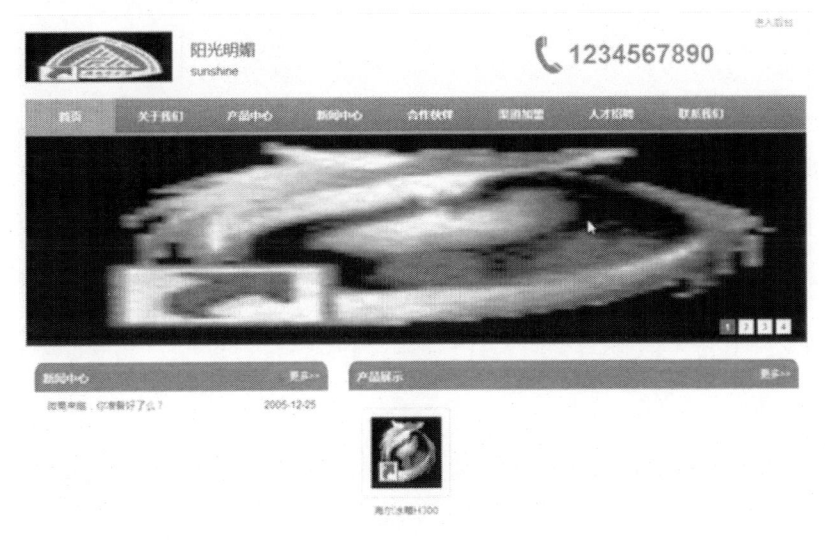

圖 4-30　官方網站前臺首頁視圖

依次查看關於我們、產品中心、新聞中心、合作夥伴、管道加盟、人才招聘、聯繫我們等在前臺的展示情況。如圖 4-31、圖 4-32、圖 4-33、圖 4-34、圖 4-35、圖 4-36、圖 4-37 所示。

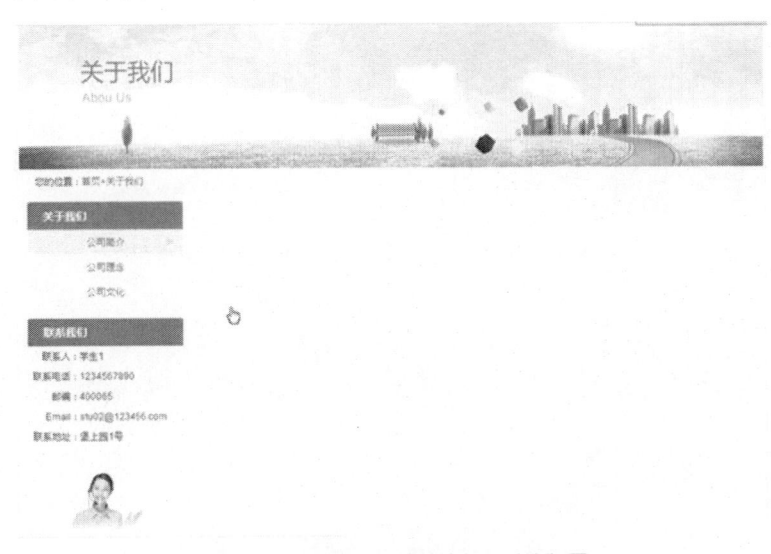

圖 4-31　官方網站「關於我們」前臺視圖

圖 4-32　官方網站產品中心前臺視圖

圖 4-33　官方網站新聞中心前臺視圖

圖 4-34　官方網站合作夥伴前臺視圖

圖 4-35　官方網站管道加盟前臺視圖

圖 4-36　官方網站人才招聘前臺視圖

圖 4-37　官方網站「聯繫我們」前臺視圖

4.4　討論與思考

官方網站是否屬於交易平臺的一種？

5 網上商城建設實驗

5.1 實驗基本情況

5.1.1 實驗目的

網上購物以快捷方便、價格便宜、節省時間吸引了大量的消費者，並且突破了傳統交易的障礙，對顧客、企業和市場都有著巨大的吸引力。網上商城類似於現實世界當中的商店，差別是網上購物利用電子商務的各種手段，形成從買到賣的虛擬商店，從而減少中間環節，消除運輸成本和中間代理的差價，加大市場流通的發展空間。

在網路信息爆炸、網路店鋪井噴的時代，網上購物是一個管道、一個工具。該工具是否能夠發揮作用、發揮多大作用，取決於消費者對網上商城系統的體驗。網上商城系統又稱在線商城系統，是一個功能完善的在線購物系統，主要為在線銷售和在線購物服務，主要的性能指標有：安全性、功能、速度、存儲能量、性能的穩定性、搜索引擎友好性。

通過該實驗，學生可以更深刻地理解網上商城的概念、內涵、數據的管理，以及相關的操作。

5.1.2 實驗課時

2 課時。

5.2 老師準備

5.2.1 添加實驗數據

老師以管理員身分進入後臺，根據需要，為學生添加物流管理、支付管理、評論管理和客戶管理的基礎數據。

該項工作需要貫穿在學生的整個實驗環節中。老師可根據學生提出的要求，隨時進行數據的添加。

注意：建議老師按照現實的情況進行各項參數的設置，使之盡可能貼近現實生活。

5.2.1.1 物流管理

點擊「物流管理」，系統頁面如圖 5-1 所示。

圖 5-1　老師物流管理頁面

根據實際情況添加物流信息。點擊「添加」，得到圖 5-2 所示的頁面。輸入物流名稱、物流圖標、快遞費用、同城送貨時間、公司描述。

此處建議設置三種形式的物流。

（1）一般的快遞物流公司，如順豐物流、圓通物流、韻達物流、申通物流、EMS 物流等。

（2）自建物流。商城根據業務發展的需要，可能會建設自己的物流系統。因此，建議設置題為「自建物流」的欄目，以便於在策劃方案中供採取「自建物流」形式的同學進行選擇。

（3）物流自提。有些公司在自己的物流系統中會設置物流的自提點，如京東和當當都有自己的物流自提點。因此，建議設置題為「物流自提」的欄目項，以便於在策劃方案中供有「物流自提」選項的同學進行相關設置。

圖 5-2　老師物流信息添加頁面

5.2.1.2 支付管理

根據需要，選擇要添加的付款類型，此處設置有網上銀行、信用卡、第三方支付和貨到付款四種支付方式。如圖 5-3 所示。當選擇類型顯示綠色時可以對此類型支付方式進行管理。此處建議老師在每種支付方式下均進行選項的配置。

圖 5-3　老師支付管理頁面視圖

在相應的列表下點擊「添加」，得到頁面如圖 5-4 所示。各種類型下的支付信息需要提交支付名稱和圖片。提供豐富的支付管理資源便於學生網上商城支付方式的策略佈局。

圖 5-4　老師添加支付信息頁面

5.2.1.3 評價管理

評價管理頁面如圖 5-5 所示。老師可以添加、查看、修改、刪除相應的評論信息。

圖 5-5　老師評論管理頁面視圖

點擊「添加」，選擇客戶名稱（消費者姓名），輸入評論內容（對網上商城消費的評論），選擇對此次網上商城消費的滿意度，提交完成評論信息。如圖 5-6 所示。當學生網上商城產生訂單時，系統自動分配評論信息給學生，形成完整的

網上商城貨物流通程序。

老師應首先對系統中設置的所有類目均設置一些針對性的評論，同時將該項目的操作貫穿在學生的整個實驗過程中，根據學生的需求即時添加相關的評價信息。

圖 5-6　老師添加系統評論視圖

目前，常見的評價信息如下：
・「很漂亮的衣服，女兒很喜歡，這兩天穿剛剛好，質量也不錯，好評。」
・「發貨速度快，面料很好，款式漂亮，很喜歡，超滿意。」
・「寶貝穿上效果很好，樣子也很洋氣，面料柔軟有彈性，春秋穿既透氣又舒服！價格不貴還包郵！寶貝三歲身高98厘米買118的碼穿上正合適！有一點肥，由於是蝴蝶袖穿上也挺好看的！」
・「132厘米，51斤，孩子偏瘦，140碼剛好，非常漂亮，非常滿意，面料也比較厚實，這種棉不是純棉那種，看起應該不起球變形，穿了再追評。再配雙鞋，完美。」

5.2.1.4　客戶管理

點擊「客戶管理」，系統將會給出系統用戶收貨地址頁面。如圖5-7所示。

圖 5-7　老師客戶管理頁面

點擊「添加」，添加完整的收貨人信息，當學生網上商城產生訂單時，系統自動分配客戶信息給學生，形成完整的網上商城貨物流通程序。如圖5-8所示。

圖 5-8 添加系統用戶收貨地址頁面

5.2.2 查看進度

點擊「進入實驗」，根據學生進度查看學生建立的網上商城，如圖 5-9 所示。

圖 5-9 學生網上商城前臺頁面——老師端

點擊進入後臺，可以查看該學生的後臺操作數據。

註：可以通過「老師端」對學生數據進行操作，包括添加、修改或刪除相應的信息。

5.3 學生實驗步驟

5.3.1 學生登錄

選擇電子商務營運策劃軟件,進入「綜合實訓」實驗。進入實驗後,點擊「网上商城」,首先完成網上商城註冊。如圖 5-10 所示。

圖 5-10　網上商城註冊頁面

完成網上商城註冊後,進入網上商城主頁面。如圖 5-11 所示。

圖 5-11　網上商城前臺展示頁面

5.3.2 進行後臺數據管理

點擊「進入后台」，根據網上商城的策劃方案，依次操作「商城管理、支付管理、物流管理、訂單管理、商品管理、銷售管理、商城廣告、返回首頁」等管理部分。

5.3.2.1 商城管理

商城管理頁面如圖5-12所示。

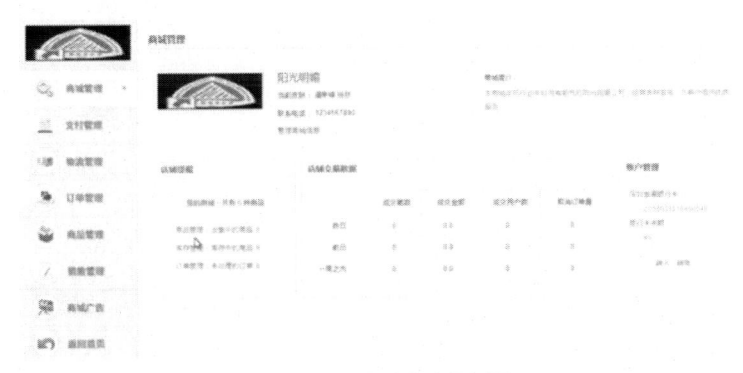

圖5-12　網上商城商城管理頁面

我們在註冊網上商城時提供的信息將顯示在商城管理的頁面上部。在商城管理頁面的中部，將顯示出店鋪的基本信息，包括店鋪提醒和店鋪交易統計數據。在右部，則顯示出商城的帳號管理信息，我們可以在此處直接轉入部分資金，也可以在支付管理部分進行資金轉入的操作。

5.3.2.2 支付管理

支付管理主頁面如圖5-13所示。

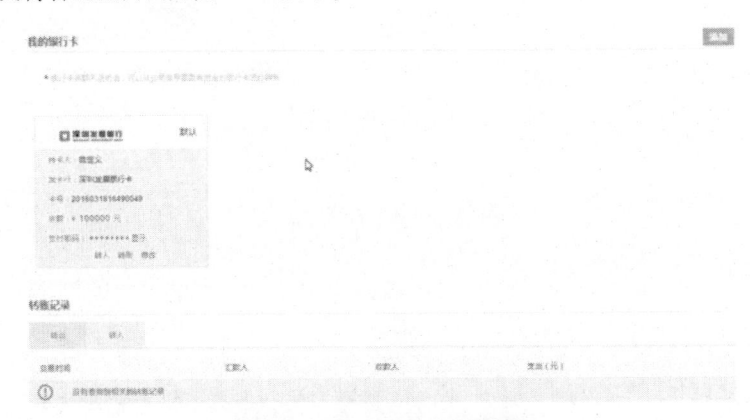

圖5-13　網上商城支付管理頁面

點擊右上角「添加」可添加銀行卡，如圖 5-14 所示。

圖 5-14　網上商城添加銀行卡頁面

需要注意的是，系統提供網上銀行、信用卡、第三方支付和貨到付款四種支付方式，這四種方式在該系統中均以添加銀行卡的形式存在。學生可以在管理員添加的支付方式中選擇支付服務商組成的支付方案。選中相應的銀行卡，點擊「添加」，填寫相應銀行卡信息。如圖 5-15 所示。此處，系統不提供批量添加方式，即銀行卡信息只能逐一進行添加。

圖 5-15　填寫銀行卡信息

添加完畢後，可得到信息如圖 5-16 所示，此時，用戶持有銀行卡開始增加。

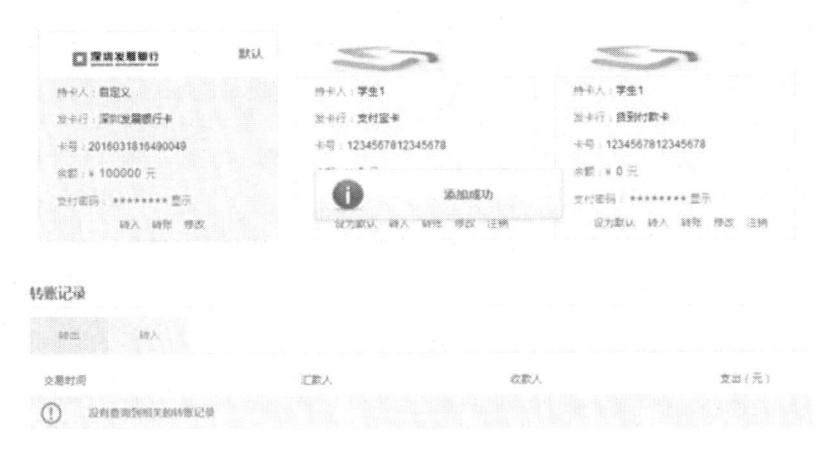

圖 5-16　添加銀行卡後系統頁面

此時，新添加的銀行卡內金額為 0，需要在卡裡轉入資金。點擊「　　　」，得到界面如圖 5-17 所示。

圖 5-17　銀行卡轉入頁面圖

需要注意的是，在「轉入人」字段，系統僅允許進行選擇，可選擇的轉入人包括系統為用戶提供的初始資金帳戶、默認銀行卡帳戶、已經添加的有資金的帳號等；選擇「轉入人」後，系統會自動計算「可轉入金額」，而輸入的「轉入金額」不得高於「可轉入金額」。提交後，查看轉入記錄，可以看到相關卡中會有具體的資金轉入。如圖 5-18 所示。

圖 5-18　轉帳記錄頁面視圖

5.3.2.3　物流管理

系統物流管理頁面如圖 5-19 所示。

圖 5-19　「我的物流」管理頁面

學生在系統提供物流服務商中，根據網上商城的策劃方案，點擊右上角的「添加」或「批量刪除」，選擇自己的物流組合方案。

點擊「添加」可得到如圖 5-20 所示的界面，此時可以選擇得到自己的物流組合方案。如果系統中沒有你所希望的物流，請聯繫指導老師進行老師端的後臺添加。

圖 5-20　物流方案選擇視圖

5.3.2.4　訂單管理

學生可邀請實驗室同學在我的商城上進行商品的採購，可以看到訂單管理主頁面如圖 5-21 所示。訂單管理包括「本月訂單、等待發貨、交易成功、交易取

消和歷史訂單」五類顯示方式。

如果系統中已經有買家進行購買的行為，系統將會在相應的欄目下進行顯示。否則，該頁面顯示「無訂單」。

圖 5-21　訂單管理頁面

當系統中有訂單時，可以查看該訂單詳情。如圖 5-22 所示。顯示包括賣家信息、訂單信息和物流信息三大類。

圖 5-22　訂單詳情顯示頁面

可以點擊「　　」，完成發貨信息填寫。

也可以點擊右上角「　　　　」，由系統完成整個發貨過程，此時系統頁面如圖 5-23 所示。

當訂單較多時，還可以進行「　　　　」。

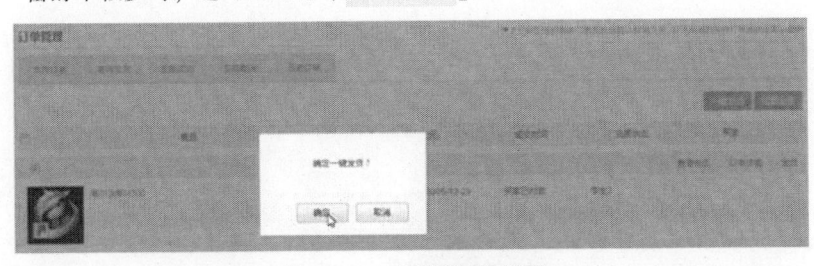

圖 5-23　一鍵發貨頁面視圖

當系統發貨數量小於商品發布時的庫存數時，系統可以根據設置自動完成發貨過程。

發貨完畢後，物流信息查看如圖 5-24 所示。

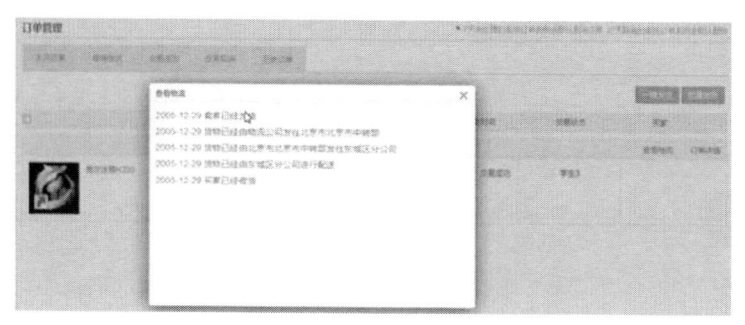

圖 5-24　發貨後物流信息顯示頁面

5.3.2.5　商品管理

商品管理主頁面如圖 5-25 所示。該頁面包括「出售中的商品和倉庫中的商品」兩個基本類項。學生可以查詢、添加和刪除網上商城銷售產品的內容。

必須注意的是，此處所發布的商品總金額不允許超過支付管理中轉入網路商城的資金總額。

圖 5-25　商品管理主頁面

當系統無任何商品時，需要進行商品發布。點擊「　　　　」，需要首先選擇發布商品的方式：發布新商品或發布官方網站中的商品。如圖 5-26 所示。

圖 5-26　選擇發布商品方式頁面

選擇發布新商品，頁面如圖 5-27 所示，需要依次輸入商品類別、商品名稱、上傳商品圖片，填寫成本、出售價格、庫存數量、折扣、運費、是否上架、是否推薦、是否熱銷、是否新款及產品描述等信息。

圖 5-27　發布新商品頁面

提交後得到頁面如圖 5-28 所示。

圖 5-28　新商品發布成功視圖

所發布的新商品可根據需要在後續轉到 B2C 店鋪或 B2B 店鋪中。

如果選擇「發布官方網站商品」，由於商品信息已經在官方網站中進行了設置，因此，該步驟可以直接引用，不再需要填入過多信息。發布過程及結果頁面分別如圖 5-29 和圖 5-30 所示。

圖 5-29　官網產品發布商品視圖

圖 5-30　官網產品發布成功視圖

需要注意的是：
- 當產品從官方網站引入後，其價格通常為 0，因此需要進一步修改其價格。
- 庫存數量必須大於消費者購買數量才可產生交易訂單。
- 所有「商品的庫存數量＊成本價格」不能大於學生帳號的營運資金。
- 錄入產品必須選擇「上架」才能銷售。

5.3.2.6　銷售管理

銷售管理主頁面如圖 5-31 所示。此處包括銷售記錄和銷售統計兩個類項。

銷售記錄中，系統將顯示已經銷售的商品統計信息，並給出所銷售商品的類型、數量、交易成功次數、單價和總計金額。

銷售統計中，系統將自動生成柱狀圖，展示該網上商城中銷售記錄排在前 10 位的商品信息。

圖 5-31　銷售管理主頁面

5.3.2.7　商城廣告

商城廣告主頁面如圖 5-32 所示。

點擊頁面右上角「添加」為商城發布廣告。此處操作與官方網站中的「官方

圖 5-32　商城廣告主頁面

廣告」操作步驟一致，不再重複敘述。

學生可以查看和添加商城廣告，點擊「添加」，上傳廣告圖片，選擇是否在商城顯示。

5.3.2.8　查看進度

操作完畢，可以查看整體進度。如圖 5-33 所示。

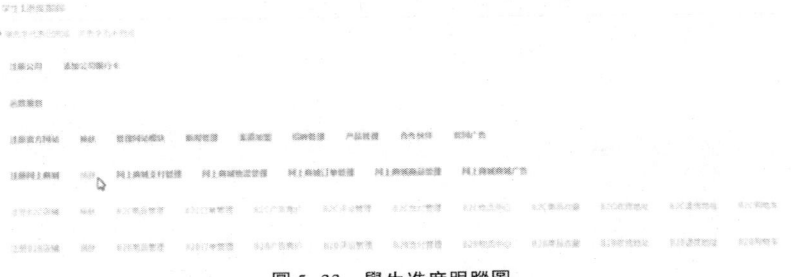

圖 5-33　學生進度跟蹤圖

5.3.3　查看前臺頁面數據

點擊返回到商城首頁。顯示如圖 5-34 所示。

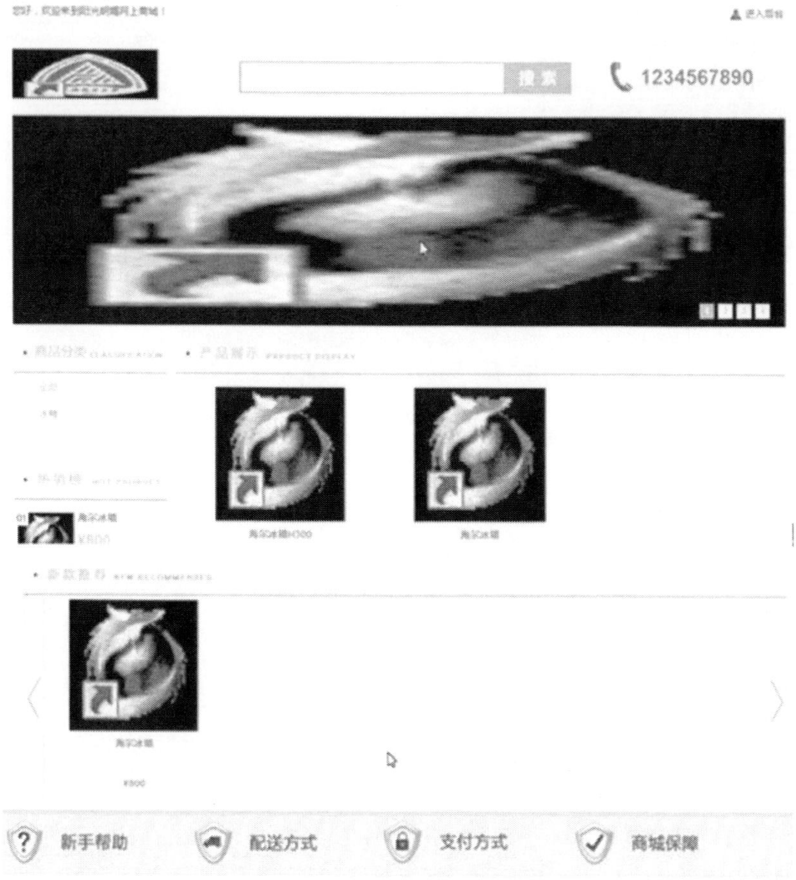

圖 5-34　網上商城前臺展示頁面

5.4　討論與思考

好的網上商城應具備哪些特性？
一個優秀的網上商城購物系統應具備以下特性：
・自定服務品牌，獨立經營。
・每個商店相對獨立，互不干擾，安全性好。
・商店模版豐富、功能強大、通用性強，適合建立各種商店。
・完備的試用、開通和控製體系。
・商城主站內容豐富、功能強大、交互性強。
・去中心化。

6　B2C 平臺實驗

6.1　實驗基本情況

6.1.1　實驗目的

B2C 是 Business to Customer 的縮寫，其中文簡稱為「商家對消費者」。即企業通過互聯網為消費者提供一個新型的購物環境——網上商店，消費者通過網路在網上購物、網上支付。

目前的 B2C 電子商務有兩種，一種是網上商廈，提供給企業（或其他組織機構）法人或法人委派的行為主體在互聯網上獨立註冊開設網上商店，出售實物或提供服務給消費者的由第三方經營的電子商務平臺，如淘寶的網上商城。另一種是網上商店，企業（或其他組織機構）法人或法人委派的行為主體在互聯網上獨立註冊網站、開設網上商店，出售實物或提供服務給消費者的電子商務平臺。典型的如：當當網、戴爾電腦網站等。

本次實驗對第一種方式進行實訓操作。通過本次實驗，學生需要認識瞭解如何在一個成熟的 B2C 平臺上完成開店、營運、數據分析等過程。

6.1.2　實驗課時

6 課時。

6.2　老師準備

實驗數據的配置如 5.2.1 所示，如果系統中已經配置，則無須再次進行配置。

點擊「進入實驗」，根據學生進度查看學生建立的 B2C 店鋪，如圖 6-1 所示。

圖 6-1　B2C 店鋪頁面——老師端

6.3　學生實驗步驟

6.3.1　學生登錄

選擇電子商務營運實訓軟件，進入「綜合實訓」實驗。進入實驗後，點擊「B2C平台」，可以進入 B2C 平臺主頁面。如圖 6-2 所示。

圖 6-2　B2C 平臺主頁面

實驗要求學生首先以賣家身分開店營運，然後以買家身分進入平臺在其他同學的店鋪中購物。

6.3.2 以賣家身分開店營運

6.3.2.1 註冊店鋪

學生點擊「賣家中心」，以賣家身分進入平臺，進入頁面如圖 6-3 所示。

圖 6-3　B2C 學生帳號登錄頁面

點擊學生頭像，使用該身分進入 B2C 平臺。

學生可以作為賣家在平臺上開店，可以對 B2C 店鋪進行管理。首先，我們需要註冊賣家店鋪信息。如圖 6-4 所示。

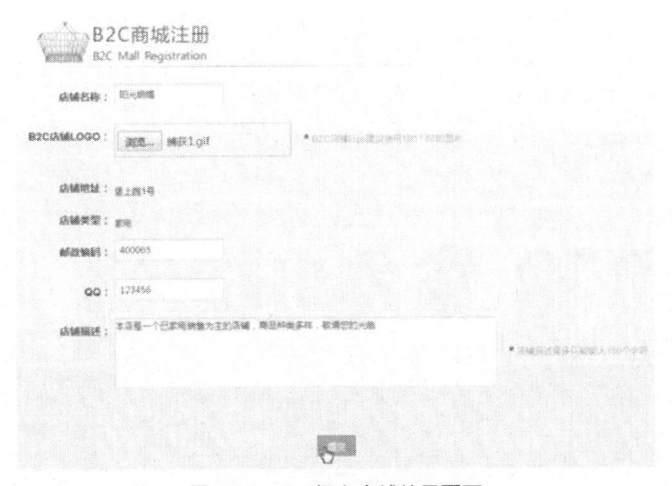

圖 6-4　B2C 網上店鋪註冊頁面

點擊提交後，會直接進入店鋪管理頁面。

6.3.2.2 店鋪管理

B2C 平臺店鋪管理主頁面如圖 6-5 所示。

圖 6-5　B2C 平臺店鋪管理主頁面

在店鋪管理中，左側顯示了需要配置的部分，依次點擊就可以進入相應的店鋪管理、店鋪首頁、商品管理、訂單管理、銷售記錄、廣告競價、評論管理、支付管理、物流中心、返回首頁等管理部分。

在頁面的上部顯示的是學生註冊店鋪時給出的基本信息，可以進行換膚等操作。頁面的中部顯示出店鋪的基本信息，包括店鋪提醒和店鋪交易統計數據。在右部，則顯示出商城的帳號管理信息，我們可以在此處直接轉入部分資金，也可以在支付管理部分進行資金轉入的操作。

6.3.2.3 店鋪首頁

點擊店鋪首頁，會進入店鋪首頁的前臺展示。如圖 6-6 所示。

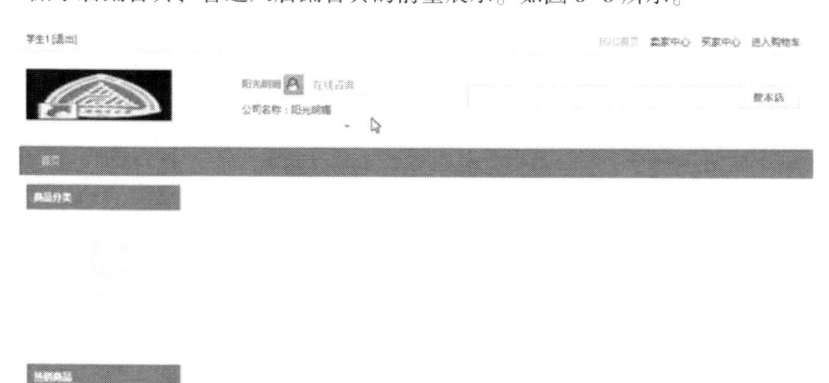

圖 6-6　B2C 平臺店鋪前臺展示頁面——學生端

6.3.2.4 商品管理

商品管理頁面如圖 6-7 所示。包含出售中的商品、倉庫中的商品和團購中的商品三個類型。當有商品發布時，系統顯示相關商品的名稱、類別、庫存、成本、價格、效率、轉移及操作信息。

圖 6-7　B2C 平臺商品管理頁面

6.3.2.4.1 商品的發布

點擊「发布新品」可以進行新商品的發布。與網上商城實驗中的商品發布類似，首先需要選擇發布商品的方式。如圖 6-8 所示。我們可以發布新的商品，也可以發布官方網站商品。其中「發布官方網站商品」與網上商城上一致，具體操作請見 5.3.2.5 部分。

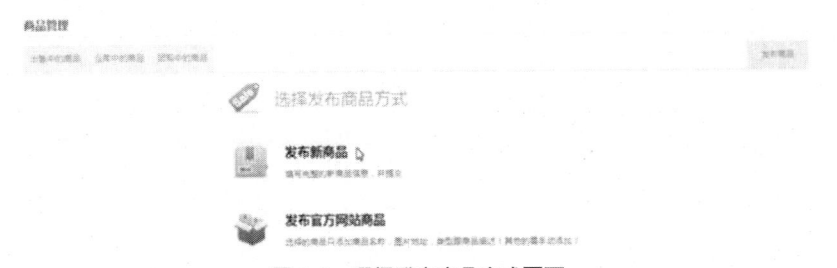

圖 6-8　選擇發布商品方式頁面

在 B2C 平臺上直接「發布新商品」時，與網上商城中直接「發布新商品」略有不同，增加了「是否參與包郵」「是否參與團購」「是否參與銷售量排行」三個參數，這些參數與平臺的開發設計有關，通常是為了便於商品能夠更好地參與平臺上商品的競爭。其發布商品選項如圖 6-9 所示。

發布商品後，看到的界面如圖 6-10 所示。此時可以看到在相應的類目下有商品的信息。

需要注意的是：

- 當產品從官方網站引入後，其價格通常為 0，因此需要進一步修改其價格。
- 庫存數量必須大於消費者購買數量才可產生交易訂單。
- 所有「商品的庫存數量 * 成本價格」不能大於學生帳號的營運資金。
- 錄入產品必須選擇「上架」才能銷售。

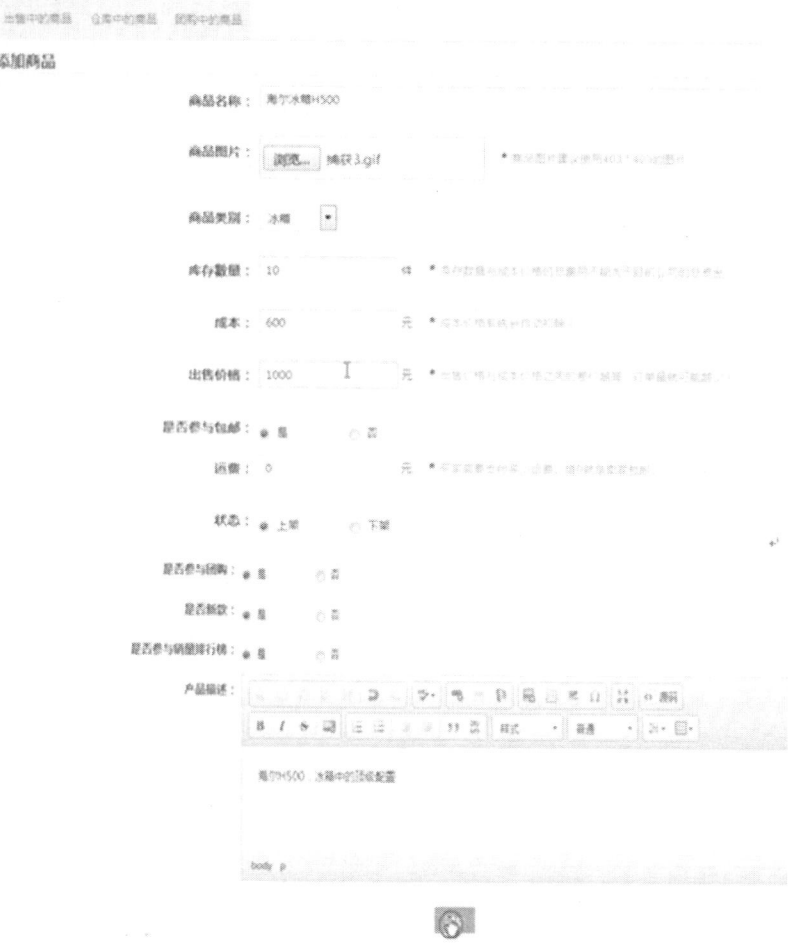

圖 6-9　B2C 平臺新商品發布頁面

圖 6-10　B2C 平臺商品管理視圖

6.3.2.4.2　商品種類及數量

我們通常需要發布多少種商品才更有利於商品的銷售和店鋪的推廣呢？商品的種類數需要根據賣家所擁有的實際種類數進行設置，但為了商品的銷售和店鋪

的推廣，我們通常要從所擁有的實際商品中挑選幾款商品，將其分別打造成主推的爆款、利潤款和引流款三種類型。

（1）利潤款。具有能夠為賣家帶來豐厚利潤的商品。

（2）主推的爆款。顧名思義，就是賣家在一定時期力推的一款商品。該款商品需要賣家花費大量財力、物力和精力去打造，一方面用於提升店鋪的流量，另一方面帶動店鋪其他寶貝的銷售。

首先，打造爆款要對市場及自己的商品進行客觀的評估，充分挖掘商品的特點，並結合市場的需求進行認真對比分析，確定該商品是否具有打造成爆款的潛質。其次，爆款的價格設置應該合理，在一定的利潤空間上可以進行適當的讓利。最後，應在多種網路平臺上進行大量的宣傳和推廣，使商品能夠充分展示在消費者面前。

（3）引流款。引流款商品的設置目的是為店鋪帶來流量。因此，引流款通常會在某方面表現得非常與眾不同，如一款特別時尚但又價格偏高的商品，或採取故意誇張的廣告語的商品。

6.3.2.4.2 商品的類別

平臺上的商品銷售與自建的網上商城裡商品的銷售有著非常大的區別，尤其是當平臺規模非常大的時候，商品的類別、名稱、圖片和描述會直接影響該商品在消費者面前的曝光率，因此需要特別重視。接下來我們將分別進行講解。

在真實的平臺上，商品的類目劃分是非常具體的。以戶外運動類商品類目一覽表為例，如圖6-11所示。

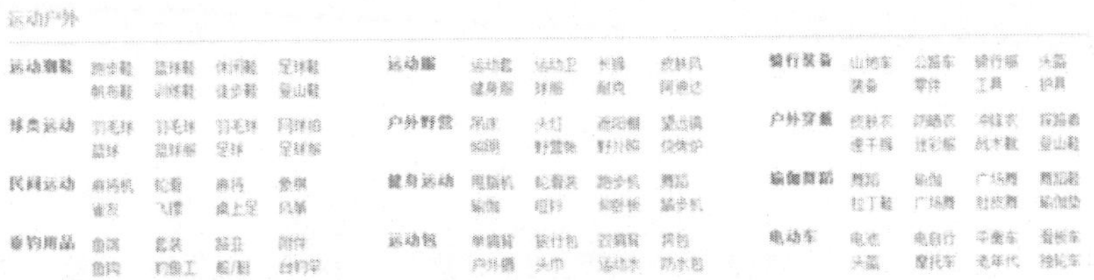

圖6-11　戶外運動類商品類目一覽表

（圖片來源：https://www.taobao.com/markets/tbhome/market-list? spm = a21bo. 50862.201867-main. 1. VOUCOS.）

輸入「跑步鞋男」又可以得到進一步的類目細分。如圖6-12所示。

在發布商品前，一定要明確商品應該在哪個商品類目下。錯誤地設置商品所在的類型會導致消費者難以找到你的商品，從而影響你的商品曝光率。同時，許多國內外成熟的平臺都會對商品及其所在類目進行審核，類別放置錯誤會導致審核無法通過，從而影響商品的正常發布。

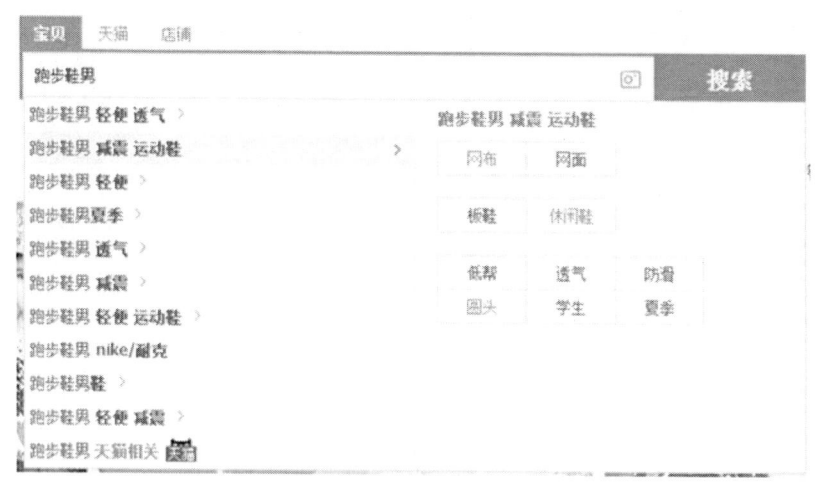

圖 6-12　「跑步鞋男」細分類目圖

(圖片來源：https://www.taobao.com.)

6.3.2.4.3　商品的名稱

商品的名稱非常重要，因為商品的名稱會直接影響到商品的銷售情況。好的商品名稱是能夠為賣家帶來流量的。那麼，商品的名稱如何影響到賣家的流量呢？

通常，消費者在有意向購買某種商品時，會在腦海中首先刻畫出一個商品的形象，並試圖給出一個合適的關鍵詞。然後消費者會將腦海中生成的關鍵詞在平臺的搜索欄進行商品的搜索。如圖 6-13 所示。

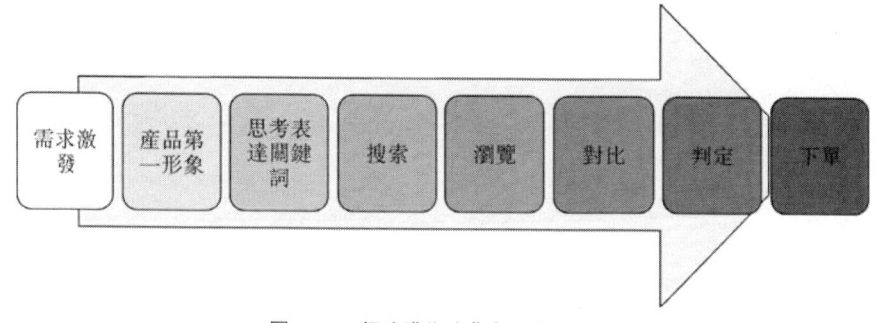

需求激發 → 產品第一形象 → 思考表達關鍵詞 → 搜索 → 瀏覽 → 對比 → 判定 → 下單

圖 6-13　網路購物消費者行為流程圖

因此，是否可以通過關鍵詞搜索到你的商品就非常重要。這就需要優化商品標題，以此來增加展現量，增加點擊率，有了展現和點擊，才會有流量。這裡需要注意幾個方面：

・避免使用大量的類似及重複標題。標題多樣化可避免重複鋪貨、堆砌品牌。

・不要使用特殊符號。系統認為大部分特殊符號沒意義，因此會進行屏蔽，可以考慮使用「/」符號或者是空格。

・在標題中寫出主要類目和屬性。

・注意敏感詞過濾。如「高仿」「山寨」等。

圖 6-14 是某電商網站上銷量過萬的商品標題示例。

圖 6-14　商品標題示例

6.3.2.4.4　商品的圖片

在實際的電商平臺中，商品的圖片通常為一張主圖和若干張輔圖組成，其中主圖非常關鍵。消費者對主圖的第一印象會決定其是否願意點擊進入到你的商品頁面，從而進一步進入到你的店鋪中進行深度瀏覽。

在設計主圖的時候，通常應注意以下幾個方面：

（1）研究用戶瀏覽習慣。

對於研究過搜索引擎的人都知道，一般人在瀏覽網頁的時候是按照「F」形路線瀏覽的，即從左到右，方程式般地一排一排自上到下瀏覽。在瀏覽過程中，消費者通常會首先注意到款式，其次是價格，然後是銷量。即從左到右瀏覽時，如果第一次遇到比較中意的一款商品，而且價格也能接受，就會選擇點擊進去看一下；在同款中，會更多地注意價格及有沒有差異化的功能或者贈品等優惠。而如果商品銷量低，且沒有什麼差異化，則選擇直接跳過看下一個；如果說有差異化功能，價格更低以及銷量比較高，就會選擇點擊進入。

（2）主圖背景。

這一點的重要性在於，主圖顯示的商品是跟上下左右的一些寶貝在競爭，能夠第一眼就讓別人注意到你的地方，就是你的背景要明顯區別於別人。多一分注意力，就增添許多點擊的概率，這屬於視覺行銷的概念範疇：大家注意力都比較有限，能夠吸引消費者注意力，那就取得了初步的成功。

（3）主圖上的賣點。

取得了初步的成功，贏得了顧客的注意，這個時候，顧客會過來認真地看你的主圖。此時，如何打動用戶點擊進入你的頁面，就需要一些賣點的表達。對於自己的產品的賣點，必須做到非常清楚，因為你需要在商品的詳情頁裡進行敘述。可以考慮把最能吸引用戶點擊的賣點放在主圖上。

（4）主圖上賣點的創意。

可以考慮如下一些方式來突出主圖上的賣點：

・當別人用產品作為全圖時，使用人物作為全圖。如圖 6-15 所示。

圖 6-15　創意對比圖片（1）

・當別人用正常背景時，使用顯眼背景。如圖 6-16 所示。

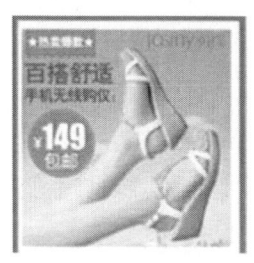

圖 6-16　創意對比圖片（2）

・當別人的圖片都堆滿文字時，使用素雅的圖片。如圖 6-17 所示。

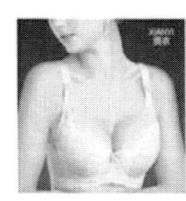

圖 6-17　創意對比圖片（3）

- 當別人用產品全圖時，使用產品局部放大圖作全圖。如圖6-18所示。

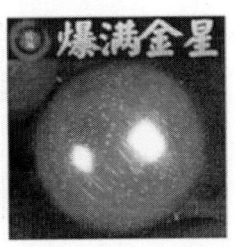

圖6-18 創意對比圖片（4）

- 當別人都用正常產品圖片時，使用「抓眼球」的文字圖片。如圖6-19所示。

圖6-19 創意對比圖片（5）

- 當別人都用單人模特圖片時，使用多個模特圖。如圖6-20所示。

圖6-20 創意對比圖片（6）

- 當別人都用模特圖片時，使用懸掛圖。如圖6-21所示。

圖6-21 創意對比圖片（7）

·當別人都用正常模特圖片時，使用俯拍圖或自拍圖。如圖6-22所示。

圖6-22　創意對比圖片（8）

·當別人都用正面圖時，使用背面圖。如圖6-23所示。

圖6-23　創意對比圖片（9）

·當別人都用站著的圖片，使用坐著的圖片。如圖6-24所示。

圖6-24　創意對比圖片（10）

6.3.2.4.5　產品描述

這裡所講的產品描述，即通常平臺上的詳情頁。此處的描述要圖文並茂，通常從用戶體驗的角度進行該頁面的描述，順序如下。當然，可根據產品的特點和創意進行適當修改。

·客戶好評情況。

·品類情況：同類關聯、互補關聯。

·產品信息：產品基本信息、引導收藏、價格比對、產品促銷、產品文案描述。

‧激發消費者感性認知：實物大小圖、產品細節圖、真人秀。

‧引起消費者共鳴：客戶最終購買該產品的情況、專家點評、外網權威評價。

‧理性消費：鎮店之寶、熱賣推薦、系列分類。

‧提高回頭率：進入店鋪的方法、安全包裝及郵資說明、客服聯繫方式、品牌實力展示。

6.3.2.5 訂單管理

訂單管理主頁面如圖 6-25 所示。包括本月訂單、等待發貨、已發貨、交易成功、交易取消、歷史訂單等若干項內容。

圖 6-25　B2C 平臺賣家中心訂單管理主頁面

學生在訂單管理部分對系統隨機產品的訂單和學生之間交易產生的訂單進行管理和發貨。當有其他的學生在其店鋪中購買商品時，就可以看到相關的信息。

可以點擊「發貨」，完成發貨信息填寫。

也可以點擊右上角「一鍵發貨」，由系統完成整個發貨過程，此時系統頁面如圖 6-26 所示。

當訂單較多時，還可以進行「批量發貨」。

圖 6-26　B2C 平臺一鍵發貨頁面

發貨後，可以查看相應的物流信息。如圖 6-27 所示。

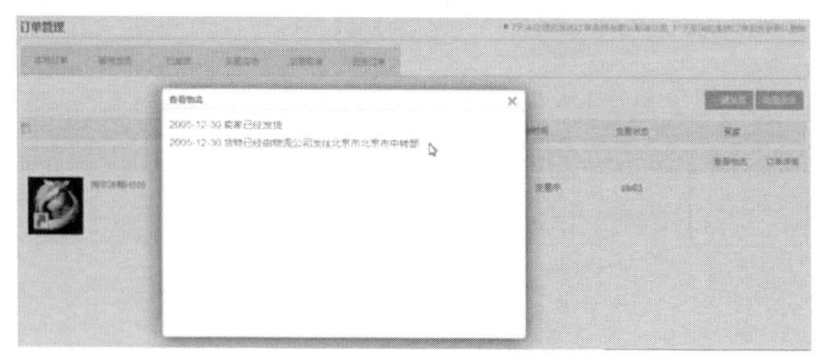

圖 6-27　B2C 平臺訂單物流信息頁面

當買家收貨並評價後，可以得到頁面如圖 6-28 所示。

圖 6-28　收貨後訂單管理頁面

物流信息顯示如圖 6-29 所示。

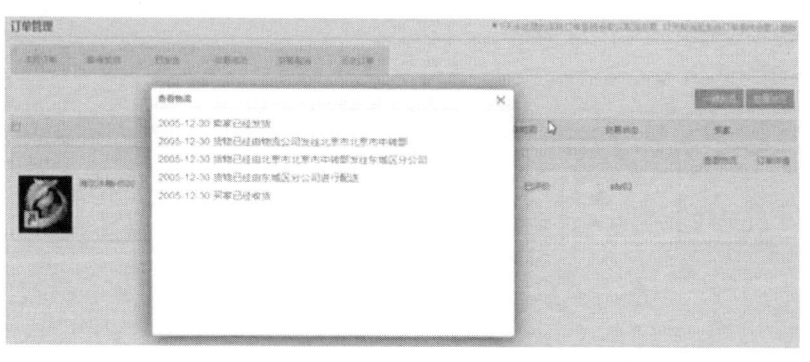

圖 6-29　交易完成後物流信息顯示頁面

6.3.2.6　銷售記錄

銷售記錄主頁面如圖 6-30 所示。此處包括銷售記錄和銷售統計兩個類項。

銷售記錄中，系統將顯示已經銷售的商品統計信息，並給出所銷售商品的類型、數量、交易成功次數、單價和總計金額。

圖 6-30　銷售記錄主頁面圖

銷售統計中，系統將自動生成柱狀圖，展示該網上商城中銷售記錄排在前 10 位的商品信息。如圖 6-31 所示。

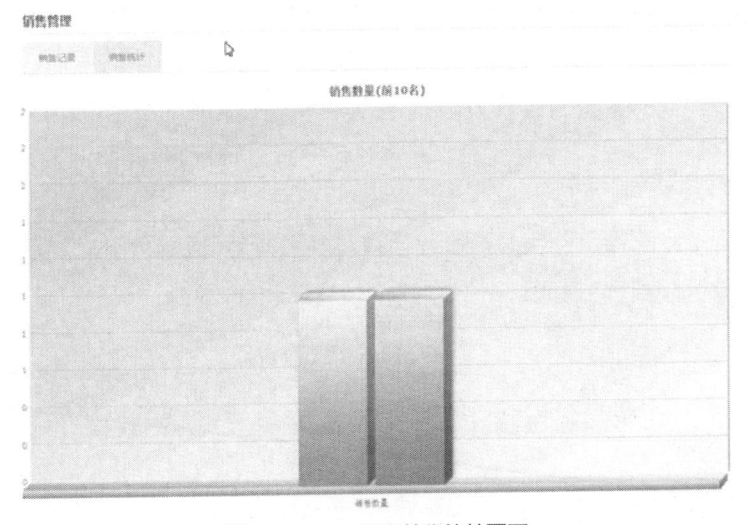

圖 6-31　B2C 平臺銷售統計頁面

6.3.2.7　廣告競價

廣告競價主頁面如圖 6-32 所示。

圖 6-32　B2C 廣告競價頁面

學生對廣告競價可以進行管理，發布競價廣告內容和競價金額，查看競價記錄、競價結果及所有參加各階段競價的公司實際競價情況。在 B2C 平臺上，每個階段每個學生只有一次競價機會。

點擊「添加」，看到信息如圖 6-33 所示。

圖 6-33　B2C 平臺添加廣告位競價視圖

點擊提交後，可以看到競價結果如圖 6-34 所示。

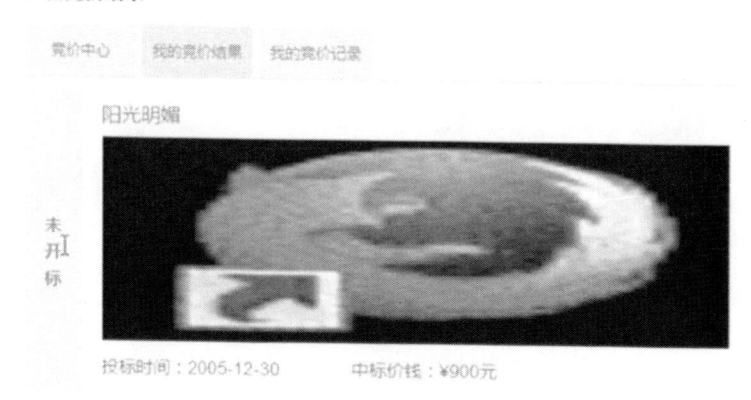

圖 6-34　B2C 平臺廣告競價結果頁面

6.3.2.8　評論管理

評論管理主頁面如圖 6-35 所示。當買家進行了商品的評價後，在評論管理中可查看客戶評論情況。在真實的交易環境中，賣家通常還需要通過多種方式來引導消費者以圖片的形式進行評價，並且為買家進行評價回覆。

圖 6-35　B2C 平臺賣家評論管理頁面

詳細內容查看如圖 6-36 所示。

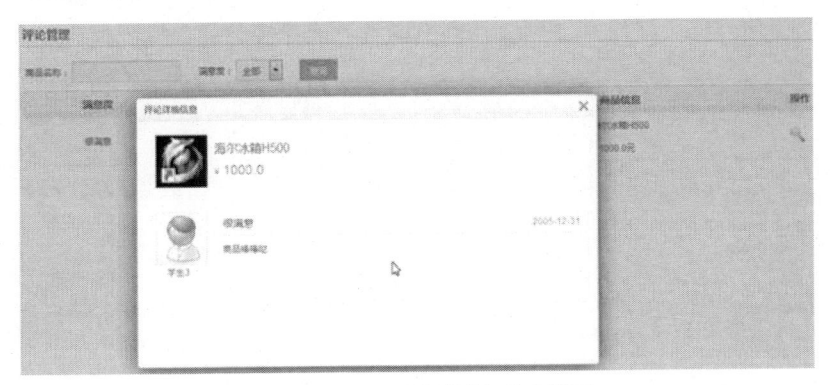

圖 6-36　B2C 平臺評論詳細信息頁面

6.3.2.9　支付管理

系統提供網上銀行、信用卡、第三方支付和貨到付款四種支付方式，學生可以在管理員添加的支付方式中選擇服務商組成的支付方案。

該仿真系統中，支付管理操作與網上商城的支付管理一致，具體請參見 5.3.2.2 部分。

6.3.2.10　物流中心

物流中心主頁面如圖 6-37 所示。

圖 6-37　B2C 平臺物流中心頁面

此處與網上商城物流相比較，必須填寫退貨地址。在「退貨地址」下點擊「添加」，可進行退貨地址填寫。具體如圖 6-38 所示。

圖 6-38　B2C 平臺退貨地址添加頁面

點擊提交後，可以看到頁面如圖 6-39 所示。

圖 6-39　退貨地址提交頁面

該頁面下，可對退貨地址進行查看和修改。
學生在系統提供物流服務商中，選擇自己的物流方案。

切換到「物流」下，進行店鋪物流方案的配置。此配置方式與網上商城的物流方案配置相類似，詳細請參考 5.3.2.3 部分。

6.3.2.11　返回首頁

點擊「返回首頁」，就將返回到平臺的首頁。

6.3.3　以買家身分操作

在平臺首頁中點擊「買家中心」，以買家身分登錄系統，可以看到頁面如圖 6-40 所示。此視圖包括已買到的寶貝、商品收藏、支付管理、收貨地址管理、購物車和返回首頁六項內容。其中，已買到的寶貝、商品收藏和購物車管理必須在學生以買家身分進行了相應的購買、收藏和加入購物車行為後，才會由系統自動顯示出來。

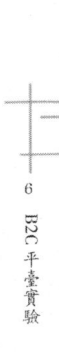

圖 6-40　B2C 平臺買家中心管理頁面

6.3.3.1　已買到的寶貝

已買到的寶貝主頁面如圖 6-41 所示。可以依次查看所有寶貝、買家已付款、交易中和交易成功的寶貝。當學生以買家身分在平臺上進行了購物操作後，系統會自動更新相應的數據，包括商品名稱、購買數量、單價和成交時間。

圖 6-41　B2C 平臺買家已買到寶貝頁面

此處，可以查看訂單詳情（如圖 6-42 所示）或取消訂單。

圖 6-42　B2C 平臺買家中心訂單詳情頁面

當賣家已經發貨，並且商品已經送達後，需要確認收貨。如圖 6-43 所示。

圖 6-43　B2C 平臺買家收貨頁面

然後進行評論。如圖 6-44 所示。

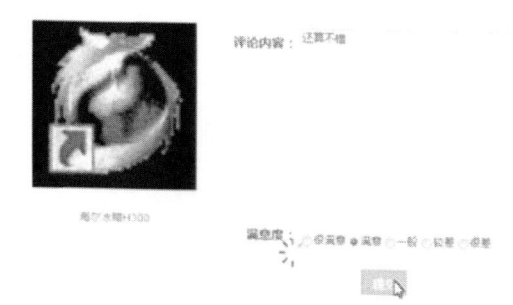

圖 6-44　B2C 平臺買家中心商品評價頁面

6.3.3.2　商品收藏

商品收藏主頁面如圖 6-45 所示。當學生以買家身分進行了商品收藏後，此處會有相應的數據顯示。

圖 6-45　B2C 平臺買家中心商品收藏頁面

6.3.3.3　支付管理

支付管理主頁面如圖 6-46 所示。其操作方式與以賣家身分操作方式相類似，詳細請參考 5.3.2.2 部分。

圖 6-46　B2C 平臺買家中心支付管理頁面

6.3.3.4　收貨地址管理

收貨地址管理操作方式與賣家退貨地址填寫方式相類似，詳細請參考 6.3.2.10 部分。填寫後的收貨地址管理主頁面如圖 6-47 所示。

圖 6-47　B2C 平臺買家中心收貨地址管理頁面

6.3.3.5　購物車

購物車中可查看學生在 B2C 平臺加入購物車的商品情況。如圖 6-48 所示。學生可以在此刪除購物車中的商品，也可以修改購物車商品的採購數量。只有當學生以買家身分將商品放入購物車後，此處才有數據顯示。

圖 6-48　B2C 平臺買家中心購物車頁面

6.3.3.6 返回首頁

點擊「返回首頁」，就將返回到平臺的首頁。

6.3.4 進行交易活動

進入 B2C 平臺，學生可以按照淘寶購物流程模擬採購流程。學生可以根據產品類型、品牌、團購活動或廣告等途徑快速選擇自己要採購的商品。需要注意的是，交易必須在不同的帳號間進行。

該仿真實驗平臺的交易活動過程與淘寶平臺的購買過程是一致的，此處不再詳述。

6.3.5 跟蹤進度

進度跟蹤頁面如圖 6-49 所示。此處可以顯示出目前所有已經完成的任務。

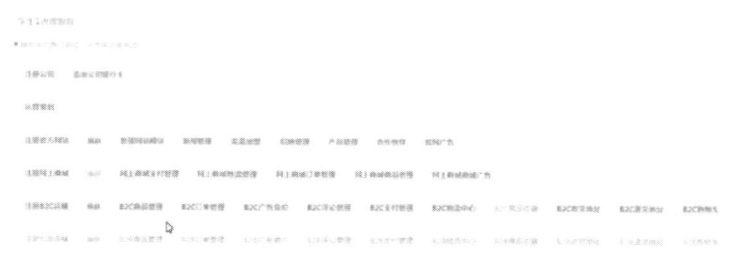

圖 6-49　進度跟蹤頁面

6.4　討論與思考

如何提高店鋪的點擊率和商品的交易率？

7　B2B 平臺實驗

7.1　實驗基本情況

7.1.1　實驗目的

B2B（Business to Business）是企業與企業之間通過互聯網進行產品、服務及信息的交換。該仿真平臺中，我們要訓練的是如何在第三方經營的 B2B 平臺上進行店鋪註冊、店鋪營運，以及如何進行交易。

7.1.2　實驗課時

6 課時。

7.2　老師準備

實驗數據的配置如 5.2.1 部分的內容所示，如果系統中已經配置，則無須再次進行配置。

點擊「 進入實驗 」，根據學生進度查看學生建立的 B2B 店鋪。如圖 7-1 所示。

圖 7-1　B2B 平臺店鋪首頁視圖——老師端

實驗要求學生首先以賣家身分開店營運，然後以買家身分進入平臺在其他同學的店鋪中進行購物。

7.3 學生實驗步驟

7.3.1 學生登錄

選擇電子商務營運策劃軟件，進入「綜合實訓」實驗。進入實驗後，點擊「B2B平臺」，打開頁面。如圖 7-2 所示。

圖 7-2　B2B 平臺首頁視圖

7.3.2 以賣家身分開店營運

7.3.2.1 註冊店鋪

點擊「賣家中心」，以賣家身分進入平臺。進入頁面如圖 7-3 所示。

點擊學生頭像，使用該身分進入 B2B 平臺，然後註冊 B2B 店鋪。具體操作與 B2C 店鋪註冊相類似，詳見 6.3.2.1 部分。

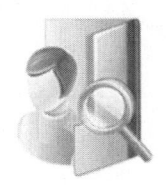

圖 7-3　B2B 平臺登錄頁面

7.3.2.2　店鋪管理

B2B 店鋪管理頁面如圖 7-4 所示。

圖 7-4　B2B 平臺店鋪管理頁面

　　學生管理的部分包括：店鋪管理、店鋪首頁、商品管理、訂單管理、銷售記錄、廣告競價、客戶評價、支付管理及物流管理和返回首頁。在本實驗平臺上，訂單管理、銷售記錄、廣告競價、客戶評價、支付管理和物流管理部分與 B2C 平臺實驗相類似，詳細可參看 6.3.2 部分。這裡，我們著重對其中的不同點進行講解。

7.3.2.3　商品管理

　　B2B 平臺上的商品管理與 B2C 平臺極其相似，但在 B2B 的商品管理中，發布新商品時，與 B2C 平臺發布新商品相比較，增添了三個參數。具體如圖 7-5 所示。

117

圖 7-5　B2B 平臺商品管理參數選圖

這是因為，通常 B2B 平臺上的每單交易規模比較大。因此，在大批量商品訂購的時候，可以採取等級定價策略。

當商品發布後，其界面如圖 7-6 所示。

圖 7-6　B2B 平臺商品管理發布圖

7.3.2.4　訂單管理

與 B2C 平臺的訂單管理相較，B2B 平臺的訂單管理增加了「詢價單」類項。如圖 7-7 所示。這是因為，通常 B2B 平臺不提供在線的交流工具（如淘寶的阿里旺旺），僅通過站內郵件（即此處的詢價單）形式進行交流。因此，在營運 B2B 平臺店鋪時，要格外留意詢價單並及時處理。

圖 7-7　B2B 平臺賣家中心詢價單頁面

當有客戶詢價時，我們可以看到上圖中的詢價記錄，點擊「處理訂單」可以進行回覆。處理完畢後顯示如圖 7-8 所示。

圖 7-8　B2B 平臺已處理詢價單視圖

7.3.3 以買家身分操作

7.3.3.1 已買到的寶貝

在平臺首頁中點擊「買家中心」，以買家身分登錄系統，頁面顯示如圖 7-9 所示。此視圖包括已買到的寶貝、商品收藏、支付管理、收貨地址管理、詢價記錄、購物車和返回首頁七項內容。其中，已買到的寶貝、商品收藏和購物車管理必須在學生以買家身分進行了相應的購買、收藏和加入購物車行為後，才會由系統自動顯示出來。

圖 7-9　B2B 平臺買家中心管理頁面

其中，已買到的寶貝、商品收藏、支付管理、收貨地址管理、購物車和返回首頁與 B2C 中買家的操作相類似，具體可參見 6.3.3 部分。此處我們僅對詢價記錄部分進行講解。

7.3.3.2 詢價記錄

詢價記錄主頁面如圖 7-10 所示。

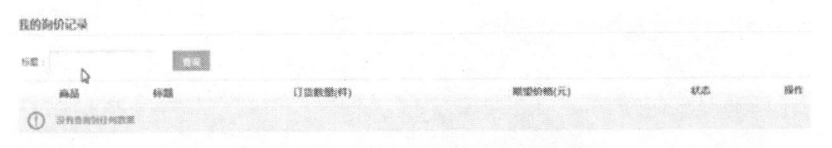

圖 7-10　B2B 平臺詢價記錄顯示頁面

我們在 B2B 平臺進行商品購買時會看到選項「詢價」，進行相關操作後，此處才可以顯示相關記錄。

打開一個商品頁，如圖 7-11 所示。

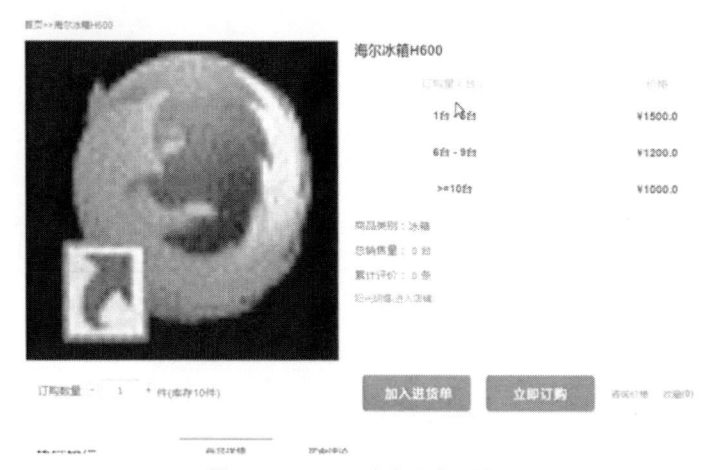

圖 7-11　B2B 平臺商品購買頁面

我們可以看到在圖示的右下側有「諮詢價格」選項。點擊「咨询价格」，進行詢價操作。如圖 7-12 所示。

圖 7-12　B2B 平臺詢價操作頁面

點擊「提交」後，顯示「詢價單發布成功」。如圖 7-13 所示。

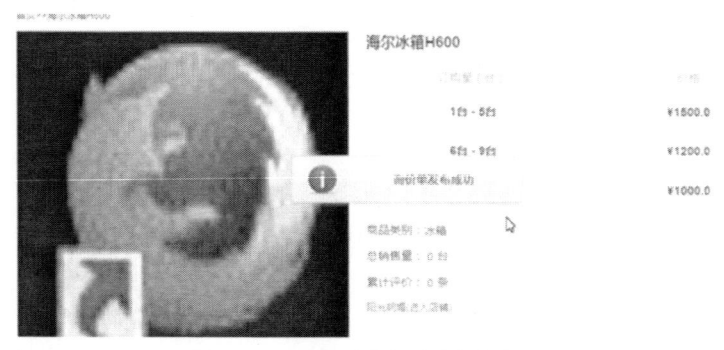

圖 7-13　B2B 平臺詢價單發布成功頁面

此時就可以看到相關詢價單。如圖 7-14 所示。

圖 7-14　B2B 平臺買家中心提交詢價單後的頁面

等待賣家回覆詢價單，賣家回覆後。顯示如圖 7-15 所示。

圖 7-15　B2B 平臺賣家回覆後的詢價記錄頁面

點擊「同意訂單」，進行操作。界面如圖 7-16 所示。

圖 7-16　B2B 買家中心通過詢價單發起訂單視圖

此時，我們可以在所有訂單中看到相關訂單。具體顯示如圖 7-17 所示。

圖 7-17　B2B 買家中心已買到的寶貝視圖

後續操作與 B2C 相似，詳細可參見 6.3.3 部分。

7.3.4　進行交易活動

此仿真平臺上的交易活動與 B2C 相似，但需要注意詢價的操作。

7.4 討論與思考

B2B 平臺和 B2C 平臺的不同點主要體現在哪些方面?

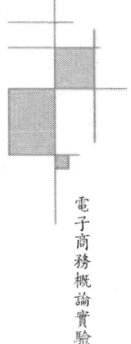

參考文獻

[1] 陳晴光. 電子商務概論課程實驗教學探索與實踐 [J]. 實驗室研究與探索, 2007, 26 (3), 144-147.

[2] 陳聯剛, 周列平. 電子商務實訓 [M]. 北京: 經濟科學出版社, 2007.

[3] 陽志梅. 電子商務概論課程教學的探索與實踐 [J]. 商場現代化, 2009 (6), 386.

[4] 史勤波. 電子商務概論課程實驗教學內容及體系建設初探 [J]. 電子商務, 2007 (5), 80-83.

[5] 王松. 電子商務概論課程實驗教學建設 [J]. 黑龍江教育高等研究與評估, 2009 (10), 89-90.

[6] 劉愛軍, 周曙東, 丁振強. 關於電子商務綜合實驗課程教學探討 [J]. 電子商務, 2008 (12), 83-85.

[7] 楊明娟. 高校應用型電子商務人才培養探索 [J]. 現代商貿工業, 2009 (24), 240-241.

[8] 樊斌. 基於網路資源的電子商務實驗教學改革 [J]. 商業經濟, 2010 (13), 108-110.

[9] 竇奕虹. 電子商務實驗教學探討 [J]. 現代經濟信息, 2009 (17), 311-312.

[10] 阿里研究中心. 個性化裂變——2010年度網商發展研究報告 [R]. 阿里研究中心, 2010.

[11] 勇全. 中美電子商務高等教育的比較研究 [R]. 中國B2B研究中心, 2010.

[12] 雲馬. 中國、日本與歐美電子商務發展研究 [R]. 中國電子商務研究中心, 2010.

[13] 蘭宜生. 電子商務基礎教程 [M]. 3版. 北京: 清華大學出版社, 2014.

[14] 譚浩強. 商務網站規劃設計與管理 [M]. 北京: 清華大學出版社, 2012.

[15] 加里·施奈德. 電子商務 [M]. 張俊梅, 徐禮德, 譯. 北京: 機械工業出版社, 2014.

[16] 張波, 蔡娟, 張立濤, 等. 電子商務實用教程 [M]. 北京: 清華大學出版社, 2014.

[17] 戴建中. 電子商務基礎與應用 [M]. 北京: 清華大學出版社, 2013.

國家圖書館出版品預行編目(CIP)資料

電子商務概論實驗教程 / 劉雪豔、羅文龍、付德強 編著. -- 第一版. -- 臺北市：崧燁文化，2018.08

面 ； 公分

ISBN 978-957-681-485-3(平裝)

1.電子商務

490.29　　107012840

書　名：電子商務概論實驗教程
作　者：劉雪豔、羅文龍、付德強 編著
發行人：黃振庭
出版者：崧燁文化事業有限公司
發行者：崧燁文化事業有限公司
E-mail：sonbookservice@gmail.com
粉絲頁　　　　網　址：
地　址：台北市中正區重慶南路一段六十一號八樓815室
8F.-815, No.61, Sec. 1, Chongqing S. Rd., Zhongzheng Dist., Taipei City 100, Taiwan (R.O.C.)
電　話：(02)2370-3310　傳　真：(02) 2370-3210
總經銷：紅螞蟻圖書有限公司
地　址：台北市內湖區舊宗路二段121巷19號
電　話：02-2795-3656　傳真：02-2795-4100　網址：
印　刷：京峯彩色印刷有限公司（京峰數位）

　　本書版權為西南財經大學出版社所有授權崧博出版事業股份有限公司獨家發行電子書繁體字版。若有其他相關權利及授權需求請與本公司聯繫。

定價：300 元

發行日期：2018 年 8 月第一版

◎ 本書以POD印製發行